디리클레가 들려주는 함수 1 이야기

수학자가 들려주는 수학 이야기 30

디리클레가 들려주는 함수 1 이야기

ⓒ 김승태, 2008

초판　1쇄 발행일 | 2008년 7월 10일
초판 29쇄 발행일 | 2024년 6월 1일

지은이 | 김승태
펴낸이 | 정은영

펴낸곳 | (주)자음과모음
출판등록 | 2001년 11월 28일 제2001-000259호
주소 | 10881 경기도 파주시 회동길 325-20
전화 | 편집부 (02)324-2347, 경영지원부 (02)325-6047
팩스 | 편집부 (02)324-2348, 경영지원부 (02)2648-1311
e-mail | jamoteen@jamobook.com

ISBN 978-89-544-1577-4 (04410)

디리클레가 들려주는

함수 1 이야기

| 김 승 태 지음 |

㈜자음과모음

수학자라는 거인의 어깨 위에서
보다 멀리, 보다 넓게 바라보는 수학의 세계!

　수학 교과서는 대개 '결과' 로서의 수학을 연역적으로 제시하는 경향이 강하기 때문에 학생들은 수학이 끊임없이 진화해 왔다는 생각을 하기 어렵습니다. 그렇지만 수학의 역사는 하나의 문제가 등장하고 그에 대해 많은 수학자들이 고심하고 이를 해결하는 가운데 새로운 아이디어가 출현해 온 역동적인 과정입니다.

　〈수학자들이 들려주는 수학 이야기〉는 수학 주제들의 발생 과정을 수학자들의 목소리를 통해 친근하게 이야기 형식으로 들려주기 때문에 학생들이 수학을 '과거 완료형' 이 아닌 '현재 진행형' 으로 인식하는 데 도움이 될 것입니다.

　학생들이 수학을 어려워하는 요인 중의 하나는 '추상성' 이 강한 수학적 사고의 특성과 '구체성' 을 선호하는 학생의 사고의 특성 사이의 괴리입니다. 이런 괴리를 줄이기 위해서 수학의 추상성을 희석시키고 수학 개념과 원리의 설명에 구체성을 부여하는 것이 필요한데, 〈수학자들이 들려주는 수학 이야기〉는 수학 교과서의 내용을 생동감 있게 재구성함으로써 추상적인 수학을 구체성을 갖는 수학으로 변모시키고 있습니다. 또한 중간중간에 곁들여진 수학자들의 에피소드는 자칫 무료해지기 쉬운 수학 공부에 있어 윤활유 역할을 할 수 있을 것입니다.

〈수학자들이 들려주는 수학 이야기〉의 구성을 보면 우선 수학자의 업적을 개략적으로 소개하고, 6~9개의 강의를 통해 수학 내적 세계와 외적 세계, 교실 안과 밖을 넘나들며 수학 개념과 원리들을 소개한 후 마지막으로 강의에서 다룬 내용들을 정리합니다. 이런 책의 흐름을 따라 읽다 보면 각 시리즈가 다루고 있는 주제에 대한 전체적이고 통합적인 이해가 가능하도록 구성되어 있습니다.

〈수학자들이 들려주는 수학 이야기〉는 학교 수학 교과 과정과 긴밀하게 맞물려 있으며, 전체 시리즈를 통해 학교 수학의 많은 내용들을 다룹니다. 예를 들어 《라이프니츠가 들려주는 기수법 이야기》는 수가 만들어진 배경, 원시적인 기수법에서 위치적 기수법으로의 발전 과정, 0의 출현, 라이프니츠의 이진법에 이르기까지를 다루고 있는데, 이는 중학교 1학년의 기수법의 내용을 충실히 반영합니다. 따라서 〈수학자들이 들려주는 수학 이야기〉를 학교 수학 공부와 병행하면서 읽는다면 교과서 내용의 소화 흡수를 도울 수 있는 효소 역할을 할 수 있을 것입니다.

뉴턴이 'On the shoulders of giants'라는 표현을 썼던 것처럼, 수학자라는 거인의 어깨 위에서는 보다 멀리, 넓게 바라볼 수 있습니다. 학생들이 〈수학자들이 들려주는 수학 이야기〉를 읽으면서 각 수학자들의 어깨 위에서 보다 수월하게 수학의 세계를 내다보는 기회를 갖기를 바랍니다.

홍익대학교 수학교육과 교수 I 《수학 콘서트》 저자 **박 경 미**

세상의 진리를 수학으로 꿰뚫어 보는 맛
그 맛을 경험시켜 주는 '함수 1' 이야기

함수를 연구한 기라성 같은 스타급 수학자들이 많이 있습니다. 수학에서 함수라는 용어를 처음으로 사용한 사람은 독일의 수학자 라이프니츠였고 그 후 오일러, 코시 등의 연구에 의해 그 의미가 점점 구체화 되었습니다. 라이프니츠는 뉴턴과 같은 문예부흥의 중엽 시기에 살았습니다. 의식구조의 혁명이 진행되는 때에 라이프니츠는 혁명적인 사고방식인 함수 개념을 발견할 수 있었습니다.

이는 후대의 수학자 오일러에 의해 '상수와 변수 사이의 수식' 이라고 정의되었습니다. 하지만 그 뜻은 서로 달랐기 때문에 변하는 수가 함수라고 한 라이프니츠와 수식 자체를 함수라고 하는 오일러와의 견해 차이가 생겼습니다. 이후 코시라는 수학자에 의해 독립변수와 종속변수를 설명하는 함수 개념이 최초로 생겨났습니다.

하지만 함수의 개념을 정의한 사람은 오늘의 주인공인 디리클레입니다. 함수 이론은 디리클레 때에 이르러서 비약적인 발전을 하게 되었기 때문이죠. '함수' 하면 떠오르는 이름 디리클레가 우리 책에서 함수를 설명해 주고 있습니다. 물론 가공의 스토리지만 수학적 근거를 바탕으로 만들어진 재미난 수학 이야기임에 틀림없습니다. 《디리클레가 들려주는 함수1 이야기》에서는 주로 중학교 수학 시간에 배우는 함수를 다루고 있습니다. 되도록 교과과정을 벗어나지 않게 구성해 보았고 순간순간의 수학적 애드리브는 여러분들에게 즐거움을 선사할 것입니다. 아무쪼록 이 이야기를 통해 함수에의 자신감과 수학 실력 향상에 도움이 되었으면 하는 바람입니다.

2008년 7월 김 승 태

차례

1 이 책은 달라요

《**디리클레**가 들려주는 **함수** 1 이야기》에서 함수를 정의하기를 한 변수가 다른 변수에 의하여 어떻게 변하는가를 나타내는 하나의 규칙이라고 말하고 있습니다. 예를 들면 자동차로 도로를 달릴 때 경과한 시간에 대한 자동차의 이동 거리, 물체를 던져 올렸을 때 경과한 시간에 대한 물체의 달라진 위치 등을 나타내는 식을 함수라고 볼 수 있습니다.

우리 생활에서 중요하게 사용되고 있는 함수의 개념을 두 집합 사이의 원소의 대응을 이용하여 처음으로 정의한 사람은 프랑스의 수학자 디리클레입니다. 이 책은 디리클레가 여러분들에게 다가가서 여러분들의 어조로 수학의 함수를 설명해주는 구성으로 만들어졌습니다.

2 이런 점이 좋아요

1 초등학교 고학년이면 누구나 쉽게 이해할 수 있도록 함수를 이야기 형식으로 설명했습니다. 그리고 초등학생 나이 또래의 소림사 스님

이 캐릭터로 등장하여 학생들의 눈높이에 맞게 이야기를 끌고 나갑니다.

2 교과서에 실려 있는 함수의 개념을 등장시켜 학교 교과 공부에 도움이 되도록 구성하였습니다.

3 일반인들이 읽어 보더라도 막힘이 없이 읽을 수 있도록 수학용어를 쉽고 재미나게 풀이하였습니다. 그리고 일상생활에 숨어 있는 함수의 개념을 들려주고 있습니다.

3 교과 과정과의 연계

구분	단계	단원	연계되는 수학적 개념과 내용
중학교	7-가	규칙성과 함수	생활 속의 함수적 사고, 함수의 정의, 함수의 용어들, 좌표평면, 순서쌍, 간단한 함수의 그래프
	8-가	일차함수	일차함수의 정의, 그래프의 개형과 그리기
	9-가	이차함수	이차함수의 뜻, 포물선, 축, 꼭짓점의 뜻, 이차함수의 평행이동

첫 번째 수업 _생활 속의 함수적 사고, 함수의 정의, 함수의 용어들

· 생활 속에서 함수적 사고방식으로 어떤 것이 있을까요?

· 함수란 무엇인지 알아봅니다.

· 함수에 나오는 용어들을 살펴봅니다.

　• 선수 학습

　－함수 : 두 집합의 원소 사이에서 일어나는 대응 중 특수한 경우의 대응

　－정비례 : 변하는 두 양 x, y에서 한쪽의 양 x가 2배, 3배, 4배, ⋯ 로
　　변화함에 따라 다른 쪽의 양 y도 2배, 3배, 4배, ⋯가 되는 관계를 y
　　는 x에 정비례한다고 합니다.

　－반비례 : 변하는 두 양 x, y에서 한쪽의 양 x가 2배, 3배, 4배, ⋯ 가
　　됨에 따라 다른 쪽의 양 y는 $\frac{1}{2}$배, $\frac{1}{3}$배, $\frac{1}{4}$배, ⋯가 되는 관계를 y
　　는 x에 반비례한다고 합니다.

　• 공부 방법

　－변수 x, y에 대하여 x의 값이 정해지면 이에 따라 y의 값도 오직
　　하나로 정해질 때, y를 x의 함수라고 합니다. 정비례의 관계식은 y
　　가 x에 정비례하면 $y = ax(a \neq 0)$인 관계식이 성립합니다. 여기서
　　a는 비례상수라고 부르고 늘어나는 양에 관계됩니다. 반비례의 관
　　계식은 y가 x에 반비례하면 $y = \dfrac{a}{x}(a \neq 0)$인 관계식이 성립합니다.

• 관련 교과 단원 및 내용

중학교 1학년 때 배우는 함수를 공부합니다. 정비례, 반비례관계를
통해 함수를 공부합니다.

두 번째 수업 _ 좌표평면, 순서쌍, 간단한 함수의 그래프

· 좌표평면을 이루고 있는 요소들의 용어들을 알아봅니다.

· 순서쌍이 무엇인지 알아봅니다.

· 간단한 함수의 그래프에 대하여 알아봅니다.

 • 선수 학습

 −좌표평면 위에 그래프를 그리기 전에 좌표축, 원점, 눈금의 표시를
  정확하게 해야 합니다.

 −좌표평면 위에 그래프를 나타내거나 그래프를 읽을 수 있는지를
  알아야 합니다.

 −순서쌍 : 두 수의 쌍으로 나타낸 것

 • 공부 방법

 −좌표평면에는 두 개의 좌표축이 있습니다. 이를 x축과 y축으로 부
  릅니다. 두 직선이 점 0에서 수직으로 만날 때, 가로의 수직선을 x
  축, 세로의 수직선을 y축이라고 합니다.

 −두 수 a, b의 순서를 정하여 두 수를 짝지어 (a, b)로 나타낸 것을 순

서쌍이라고 합니다. 평면 위의 점의 좌표는 (x좌표, y좌표)의 순서 쌍으로 표현하며 순서를 바꾸어 표현하면 다른 점의 위치가 됩니다.

• 관련 교과 단원 및 내용

중학교 1학년 과정에서 배우는 좌표평면과 순서쌍, 간단한 함수를 공부합니다.

세 번째 수업 _일차함수란?

· 일차함수의 정의에 대해 알아봅니다.

· 정비례 함수의 모양을 알아봅니다.

· 기울기와 y절편에 대해 알아봅니다.

• 선수 학습

－그래프 : 함수의 값을 좌표에 의해서 나타낸 것

－정의역 : 함수 $y=f(x)$에서 변수 x의 값을 나타내는 수 전체의 집합

－공역 : 함수 $y=f(x)$에서 변수 y의 값을 나타내는 수 전체의 집합

• 공부 방법

－수의 집합 X와 Y를 각각 정의역과 공역으로 하는 함수 $y=f(x)$에서 y가 x에 관한 일차식 $y=ax+b$ ($a\neq0$, a, b는 상수)로 나타낼 수 있을 때, 이 함수를 일차함수라고 합니다.

－$y=ax+b$의 그래프는 일차함수 또는 정비례 함수 $y=ax$의 그래

프를 y축의 방향으로 b만큼 평행이동한 직선입니다.

$$기울기 = \frac{y의\ 값의\ 증가량}{x의\ 값의\ 증가량} = a 일정$$

$-y = ax + b$. 여기서 a가 나타내는 것이 바로 기울기입니다. 기울어져 있는 것을 하나의 수로 보여줍니다.

• 관련 교과 단원 및 내용

중학교 2학년 때 배우는 일차함수의 정의와 그래프의 모양에 대해 배웁니다.

네 번째 수업 _ 일차함수의 그래프 그리기

일차함수를 그리는 여러 가지 방법에 대해 공부합니다.

• 선수 학습

−기울기 : 일차함수 $y = ax + b$의 그래프에서 x의 값의 증가량에 대한 y값의 증가량의 비율을 기울기라고 합니다. 수평면에 대한 경사면의 기울어진 정도를 말합니다.

−x절편 : 함수의 그래프가 x축과 만나는 점의 x좌표를 x절편이라고 합니다.

−y절편 : 함수의 그래프가 y축과 만나는 점의 y좌표를 y절편이라고 합니다. 일차함수의 y절편은 상수항과 같습니다.

• 공부 방법

−x절편은 일차함수의 그래프가 x축과 만나는 점의 x좌표입니다.

$y=0$일 때의 x의 값, 즉 $-\dfrac{b}{a}$가 x절편입니다.

−y절편은 일차함수의 그래프가 y축과 만나는 점의 y좌표입니다.

$x=0$일 때의 y의 값, 즉 b가 y절편입니다.

−일차함수의 y절편을 좌표평면 위에 나타낸 후 기울기를 이용하여 다른 한 점을 찾아 직선으로 이으면 일차함수의 그래프를 그릴 수 있습니다.

• 관련 교과 단원 및 내용

중학교 2학년 때 배우는 일차함수의 그리는 내용을 공부합니다.

다섯 번째 수업_일차함수의 식 세우기

· 기울기와 y절편을 알 때 식을 세워 봅니다.

· 일차함수와 일차방정식을 비교하여 봅니다.

• 선수 학습

−기울기$=\dfrac{y\text{의 값의 증가량}}{x\text{의 값의 증가량}}$

−한 점을 지나는 직선은 무수히 많지만 어떤 기울기가 주어지면 직선이 하나로 정해지므로 기울기와 한 점을 알면 이 직선을 그래프로 하는 일차함수의 식을 구할 수 있습니다.

−두 점을 지나는 직선을 그래프로 하는 일차함수의 식은 먼저 두 점을 이용하여 기울기를 구한 다음 기울기와 한 점이 주어질 때의 일차함수의 식을 구합니다.

• 공부 방법

−기울기와 y절편이 주어진 직선이 어떤 일차함수의 그래프의 관계식인지 알아봅니다.

−기울기와 직선 위의 한 점의 좌표를 이용하여 주어진 직선이 어떤 일차함수의 그래프의 관계식인지 알아봅니다.

• 관련 교과 단원 및 내용

중학교 2학년 때 배우는 일차함수의 식을 세우는 연습을 합니다.

여섯 번째 수업 _ 일차함수 활용하기

· 연립방정식의 해와 그래프에 대하여 알아봅니다.

· 연립방정식의 해의 개수에 대하여 알아봅니다.

· 일차함수의 활용 문제에 대하여 알아봅니다.

• 선수 학습

−두 방정식의 그래프의 교점의 좌표는 연립방정식의 해와 같으므로 교점의 개수는 해의 개수와 같습니다.

−활용 문제를 일차함수를 이용하여 풀 때는 정의역에 주의하도록

합니다.

• 공부 방법

−일차방정식과 일차함수의 관계를 정리해봅니다.

  방정식 $ax+by+c=0$ $(a \neq 0, b \neq 0)$의 그래프 : 직선

  함수 $y=mx+n$ $(m \neq 0)$의 그래프 : 직선

−일차방정식 $ax+by+c=0$ $(a \neq 0, b \neq 0)$의 그래프에 대해 알아봅니다. 미지수가 2개인 일차방정식 $ax+by+c=0$ $(a \neq 0, b \neq 0)$의 그래프는 일차함수 $y=-\dfrac{a}{b}x-\dfrac{c}{b}$ $(a \neq 0, b \neq 0)$의 그래프와 같습니다.

• 관련 교과 단원 및 내용

  중학교 2학년 후반에서 배우는 일차방정식과 일차함수에 대해 배웁니다.

일곱 번째 수업_이차함수

이차함수의 뜻, 포물선, 축, 꼭짓점의 뜻에 대해 알아봅니다.

• 선수 학습

−이차함수가 되기 위해서는 이차항의 계수가 0이 되면 안 됩니다.

−$y=x^2$의 그래프는 y축을 중심으로 접으면 완전히 포개어집니다.

  즉, x의 값이 −1과 1처럼 절댓값이 같고 부호가 반대일 때 각각에

대응하는 y의 값은 같으므로 y축에 대칭합니다.

-대칭축 : 두 도형이 한 직선을 사이에 두고 대칭을 이룰 때의 그 직선

• 공부 방법

-이차함수 $y=ax^2$의 그래프와 $y=-ax^2$의 그래프는 x축에 대하여 대칭이 됩니다. 즉, x^2의 계수의 크기는 같은데 부호가 반대이면 x축 대칭이 되는 겁니다.

-이차함수 $y=ax^2$의 그래프와 같은 꼴의 곡선을 포물선이라고 하는데, 이 포물선은 선대칭도형입니다. 선대칭이란 그래프가 어떤 선을 기준으로 대칭으로 포개진다는 말입니다. 이때 대칭축을 포물선의 축이라 하고, 포물선과 축과의 교점을 꼭짓점이라고 합니다.

• 관련 교과 단원 및 내용

중학교 3학년에서 배우는 이차함수의 기본을 다룹니다.

여덟 번째 수업 _ 이차함수의 평행이동

$y=ax^2$의 평행이동에 대하여 알아봅니다.

• 선수 학습

-평행이동 : 물체 또는 도형의 각 점이 같은 방향으로 같은 거리만큼 옮겨지는 것

• 공부 방법

−이차함수 $y=ax^2+q$의 그래프는 $y=ax^2$의 그래프를 y축의 방향
으로 q만큼 평행이동한 것입니다. y축을 축으로 하고 점 $(0,\ q)$를
꼭짓점으로 하는 포물선입니다. 하지만 그래프의 모양은 $y=ax^2$
의 그래프와 같습니다.

−이차함수 $y=a(x-p)^2$의 그래프

1) $y=ax^2$의 그래프를 x축의 방향으로 p만큼 평행이동한 것입니다.

2) 직선 $x=p$를 축으로 하고, 점 $(p,\ 0)$을 꼭짓점으로 하는 포물선입
니다.

3) 그래프의 모양은 $y=ax^2$의 그래프와 같습니다.

− 이차함수 $y=a(x-p)^2+q$는 $y=ax^2$그래프를 x축으로도 이동하
고 y축으로도 이동시킨 그래프입니다. $y=ax^2$의 그래프를 x축의
방향으로 p만큼, y축의 방향으로 q만큼 평행이동했습니다.

• 관련 교과 단원 및 내용

중학교 3학년에서 배우는 이차함수의 평행이동을 배웁니다. 중학교
3학년에서 배우는 내용은 고 1과정에서 배우는 수학에 연결됩니다.

디리클레를 소개합니다

Peter Gustav Lejeune Dirichlet (1805~1859)

정수론, 급수론, 수리물리학……

듣기만 해도 머리가 아프신가요?

하하~ 모두 내가 공헌한 학문들이랍니다.

나는 가우스가 구축한 정수론을 계승하여 이를 심화 부연했어요.

함수의 근대적 개념 성립에 공헌하기도 했고요.

명강의로도 유명해서 나의 강의 스타일은 후에

독일 각 대학 강의 형식의 기초가 되었습니다.

여러분, 나는 디리클레입니다

    나는 1805년에 뒤렌에서 태어났습니다. 내 이름은 내가 태어난 곳 뒤렌과 비슷해요.

    수학자 가우스가 나의 스승이었으며 나는 브레슬라우와 베를린의 교수직을 맡았지요. 베를린이라는 지명에서 짐작을 하시겠지요. 나는 독일 사람입니다.

    나는 독일어와 프랑스어를 자유자재로 구사할 수 있었답니다. 그래서 두 나라의 수학을 연구할 수 있었고 두 나라의 수학자들을 연결시키는 역할도 했답니다. 수학에서 가장 뛰어나다고 사람들이 말하는 업적은 함수 개념을 일반화시킨 일입니다. 너무들 칭찬을 해 주시더라고요, 단지 수학자로서 맡은 바를 했을 뿐인데 말이죠.

이제 제 이름을 밝히겠습니다. 제목을 본 친구들은 알고 있었겠네요. 나는 디리클레입니다. 제 직업은 수학을 연구하고 가르치는 교수이자 수학자입니다. 내 이름을 딴 수학 공식들도 있어요. 디리클레의 급수, 디리클레 함수와 디리클레 법칙 등이 있습니다.

사람들은 날 보고 성실하고 인간적이고 겸손한 사람이라고 했습니다. 평생을 그렇게 살아 왔으니까요. 하지만 이 자리를 빌려 아들에게 미안하다고 말하고 싶어요. 내가 아들에게 너무 엄하게 대했거든요. 이제야 인생을 너무 딱딱하게 살지 말았으면 하고 때 늦은 후회도 해 봅니다.

아들아, 아빠를 용서해 줘. 그리고 초등학교 때 이 삼촌에게 수학을 잠시 배운 시기가 그의 생애에서 가장 무서운 때였다고 말한 조카에게 미안하다는 말을 해 주고 싶구나. 그리고 장인어른께도 죄송하다는 말씀을 드리고 싶어요. 첫 아기가 생겼을 때, 장인어른에게 편지도 한 통 쓰지 않아 제가 적어도 편지에 2+1=3이라고 써 보낼 줄 알았다며 나를 비꼬시던 장인어른, 내가 얼마나 무심했으면 그런 말씀을 하셨을까요. 저는 뒤에서 뉘우치는 성격인 것 같아요. 제 이름이 디리클레인 것처럼 말입니다.

그런 딱딱한 성격에도 불구하고 사람들이 나를 기억해 주시는 이유는 내가 평생 동안 수학을 연구했고 수학 발전에 영향을 끼쳤기 때문이지요. 내 업적 중 무엇보다 중요한 것은 함수를 집합 사이의 대응관계로 파악한 점입니다. 내가 파악이라는 말을 강조하기 위해 손을 '파악' 하고 들어 올리자 조카는 '삼촌 무서워' 하면서 달아나 버렸습니다. 저의 의도는 그런 것이 아닌데도 말입니다. 이제 저도 좀 부드러워져야겠습니다. 그래서 부드럽게 말합니다.

"두 변수 x, y에 있어서 'x의 값에 따라 y의 값이 정해질 때, y를 x의 함수다' 라고 정의합니다."

이전까지는 함수를 단순한 식의 표현이라고 봤습니다. 라이프니츠의 정의를 따랐으니까요. 그래서 나는 함수가 단순한 식이 아니라 대응관계라는 것으로 정의하여 단순한 계산으로서의 함수를 탈피시켰습니다. 함수도 후련해 하더라고요.

그렇습니다. 일차함수는 직선이라는 겉모습에서 그 직선 위에 있는 무수히 많은 점들이 하나하나 대응의 관계 속에 존재한다는 것을 제가 밝혀내었으니까요. 여태까지 함수의 속마음을 나처럼 시원하게 밝혀주지 않았습니다. 함수가 얼마나 벙어리 냉가슴을 앓았겠습니까. 그러면서 저도 깨달았어요. 수학은 잘했지만 주위 사람들에게 너무 딱딱하게 대하므로 그들의 마음을 아프게 했다는 사실을 말이죠. 그래서 이제부터 저는 부드럽고 재미난 디리클레가 되기로 했습니다.

그 첫 번째 과제, 함수를 여러분에게 누구보다도 부드럽게 가르쳐 줄 거예요. 재미있고 알찬 수업이 되도록 하겠습니다. 오늘 저를 도와 줄 학생이 한 명 오기로 했는데 혹시 못 보셨나요? 동양 소년이라고 들었는데……. 오늘부터 수업을 한다는 말을 못 들었을까요? 제가 너무 일찍 일어나서 그럴지도 모르겠군요. 지금 시각은 오전 7시입니다. 제가 좀 부지런한 편이거든요.

아, 아침 해가 떠오릅니다. 앗! 해가 두 개 떠오르네요. 원래 해는 하나 아닌가요? 수학에서도 두 직선이 만날 때 해는 오직 하나만 생기듯이 자연현상에서도 해는 하나이지요. 그런데 지금 내 눈앞에서는 해가 두 개 떠오릅니다. 오오--- 이런 자연현상이 이상하게 돌아가는 건가요. 앗! 그런데 해 하나가 나를

향해 돌진해 옵니다. 앗, 안돼---

나는 살아 있나요. 감았던 눈을 떠 봅니다. 음, 웬 꼬마 중이 내 앞에 떡하니 서 있습니다.

나는 흥분을 가라앉히며 그 꼬마 중에게 묻습니다.

"너는 누구냐?"

꼬마 중이 귀엽게 입을 엽니다.

"저는 중국에서 온 동양인입니다. 오늘부터 디리클레 선생님에게 수학을 배우러 왔어요."

"뭐, 네가 오늘 나에게 함수를 배우러 온 동양인 학생이구나."

이때 그 중국 꼬마 중의 머리가 햇빛을 받아 눈부십니다. 그제야 나는 왜 오늘 해가 두 개 떴는지 이해가 갔습니다. 하나는 진짜 해고 하나는 꼬마 중의 머리였지요, 하하. 꼬마 중이 늦지 않으려고 나를 향해 달려오는 것을 나는 해가 나를 덮치려고 한다고 착각을 했던 것입니다. 이 꼬마 중의 이름은 챈이지만 나는 해라고 부르기로 했습니다. 챈도 해가 마음에 든다며 헤헤거립니다. 그래서 이제부터 해와 함께 함수에 대해 공부하기로 하겠습니다.

디리클레가 들려주는 함수 1 이야기

생활 속의 함수적 사고, 함수의 정의, 함수의 용어들

수퍼에서, 문구점에서, 학교에서…
우리는 변화하는 x값에 대응하는 y값인 함수를
쉽게 발견할 수 있습니다.

첫 번째 학습 목표

1. 생활 속에서 함수적 사고방식으로 어떤 것이 있을까요?

2. 함수란 무엇인지 알아봅니다.

3. 함수에 나오는 용어들을 살펴봅니다.

미리 알면 좋아요

1. 함수 두 집합의 원소 사이에서 일어나는 대응 중 특수한 경우의 대응

2. 정비례 변하는 두 양 x, y에서 한쪽의 양 x가 2배, 3배, 4배,⋯ 가 됨에 따라 다른 쪽의 양 y도 2배, 3배, 4배, ⋯가 되는 관계가 있으면 y는 x에 정비례한다고 합니다.

3. 반비례 변하는 두 양 x, y에서 한쪽의 양 x가 2배, 3배, 4배,⋯ 가 됨에 따라 다른 쪽의 양 y는 $\frac{1}{2}$배, $\frac{1}{3}$배, $\frac{1}{4}$배,⋯가 되는 관계가 있으면 y는 x에 반비례한다고 합니다.

디리클레가 첫 번째 수업을 시작했다.

해가 나에게 질문을 했습니다.

"디리클레 선생님, 함수란 무엇인가요?"

나는 꼬마 중에게 어떡하면 함수를 쉽게 설명할 수 있을까 고민하다가 말해 주었습니다.

"저 강물을 봐라. 저 강물을 소가 먹으면 우유를 만들지만 뱀이 먹으면 독을 만든단다. 그 이치가 바로 함수다."

　해는 내 말뜻을 이해하지 못했습니다. 그 아이에게는 내 말이 고승들이 말하는 선문답처럼 들렸을 것이니까요. 선문답이란? '산은 산이요. 물은 물이다.' 이런 어려운 말을 일컫는 문답입니다. 그래서 나는 해에게 함수에 대해 다시 설명했습니다.

　변수 x, y에 대하여 x의 값이 정해지면 이에 따라 y의 값도 오직 하나로 정해질 때, y를 x의 함수라고 합니다. 이 내용으로 내가 앞에서 든 보기를 다시 설명해 주겠습니다.

　변수 x와 y에서 x는 물이고 함수를 젖소로 두겠습니다. 젖소라는 함수가 x라는 물을 마시고 우유라는 y를 만들어 냅니다. 이러한 관계가 바로 함수 관계입니다. 똑같이 x라는 미지수로 표현해도 어떤 함수인가에 따라 y의 값이 달라집니다. 앞에서 말했듯이 뱀이라는 함수가 x라는 물을 마시면 독이라는 y를 생산해 내므로 물이라는 같은 미지수 x가 다른 함수뱀과 젖소를 만나면 결과물이 달라지지요. 똑같은 물이라도 누가 먹느냐에 따라 산출되는 것이 다르다는 말, 이 관계를 잘 생각하면 함수를 이해하는 데 도움이 될 겁니다.

 지금은 함수가 뭔지 잘 알지 못하는 상태에서 이런 선문답을 들어서 더욱 헷갈릴 수도 있을 것입니다. 하지만 나중에 우리가 이 책을 통해 함수에 대한 개념을 어렴풋이 잡을 때 다시 앞의 이 야기를 생각해 보면 함수의 개념이 확실히 머리에 들어올 것입니다. 그래서 나는 이 이야기를 먼저 시작하며 함수에 대해 이야기

했습니다.

해가 질문을 했습니다.

"그래도 잘 모르겠는데요."

하하하. 함수가 그렇게 쉬운 수학이 아니거늘, 한 번에 함수를 다 알려고 하는 도둑 같은 심보를……. 지금부터 내가 해에게 조금씩 함수에 대해 설명할 것입니다.

마침, 해와 내가 있는 이곳으로 바람이 불기 시작했습니다.

나는 해에게 바람 속을 걸어 보라고 시켰습니다. 해는 바람의 저항을 받으며 걷기 시작했습니다. 나는 해에게 뛰어 보라고 했습니다. 그리고 돌아온 해에게 무엇을 느꼈는지 물어보았습니다. 해는 그냥 다리가 아프고 춥다고 했습니다. 하지만 이는 수학적 대답이 아닙니다.

걸을 때보다 달릴 때 바람이 더 세게 분다고 느껴지는 이유는 속력이 빨라질수록 공기 저항이 더 커지기 때문입니다. 그러면 달리는 속력에 따른 공기 저항의 변화를 수학적으로 표현할 수 있습니다. 달리는 속력과 공기 저항처럼 함께 변하는 두 양 사이의 관계를 알아보는 데 쓰이는 도구가 바로 함수입니다.

그리고 나는 해에게 양초를 켜라고 했습니다. 아로마 양초라서 불을 켜 두면 마음이 정화되는 효과를 볼 수 있습니다. 단, 조심하세요. 양초 역시 불이므로 항상 불을 조심해야 합니다.

자나 깨나 불조심 너도 나도 불조심

초등학교 때 포스터 그림 주제로 함수만큼이나 자주 쓰이는 문구입니다.

내가 이렇게 말을 하는 동안 양초의 크기는 줄어들었습니다.

양초 불에 비친 해의 머리가 웬만한 형광등 저리가라군요. 하하하. 해에게 질문을 하나 할게요. 양초가 줄어드는 것을 보고 뭔가 느끼는 것이 있나요?

해는 잠시 생각에 잠겼다.

"스승님, 아무리 작은 양촛불이라도 세상을 따뜻하게 한다는 것을 느꼈습니다."

꼭 공부 못하는 사람이 쓸데없는 소리를 잘하더라고요. 그런 감상적인 것을 배우려고 나를 찾아왔나요? 수학적으로 말해 보세요.

"앗 뜨거."

해는 양초가 다 탈 때까지 대답을 못하다가 양초 불에 뎄습니다.

양초는 시간이 지남에 따라 그 길이가 줄어듭니다. 시간이 지남에 따라 양초가 줄어드는 시간을 x로 두고 양초를 y로 두어 함수로 나타낼 수 있습니다. 그렇습니다. 변하는 두 양의 변수를 이용하여 우리는 언제나 함수식을 만들 수 있습니다.

해는 함수의 뜨거운 맛을 봤으니 이제는 함수에 대해 약간은

이해했을 겁니다. 하지만 너무 뜨거운 맛을 보았기에 나는 독일의 자랑 아우토반을 달려 해의 기분을 달래주려고 했습니다. 그래서 나는 차를 몰고 집을 나서려고 했습니다. 물론 해를 옆에 태우고서요. 차가 집에서 빠져 나와 모퉁이 길을 돌려고 하는데 차계기판에 불이 들어옵니다. 그것을 보고 해가 말했습니다.

"디리클레 선생님, 커피포트같이 생긴 모양에 불이 빨갛게 들어왔네요."

맞습니다. 해 말대로 이 차에는 기름이 얼마 없나 봅니다. 기름을 넣어야겠습니다. 그런데 우리가 달리려는 아우토반은 약 450km입니다. 그리고 이 차는 7L의 휘발유로 63km를 갈 수 있습니다. 자동차로 450km인 아우토반을 달리려면 몇 리터의 휘발유가 필요할까요?

내가 해에게 얼마나 넣을지 물어보니, 해는 오래간만에 차를 타서 멀미가 난다며 먼 산만 바라봤습니다. 그래서 나는 주유원에게 내가 가야 할 거리와 이 차의 연비를 말해 주고 얼마를 넣었으면 좋겠냐고 물어보았습니다만, 수학을 무척 싫어하는 주유원은 신경질적으로 말했습니다.

"아저씨, 저 바빠요. 얼마 넣어드려요?"

그래서 나는 웃으며 50L만 넣어달라고 했습니다.

그렇게 해서 우리는 아우토반을 달리고 있습니다. 해는 나를 힐끔힐끔 쳐다보며 뭔가 말하려다 멈추고 말하려다 멈췄습니다. 하하하, 귀여운 녀석. 분명 녀석은 내가 어떻게 그런 답을 하게 되었는지 궁금했을 것입니다. 그래서 나는 녀석을 골려주려고 말을 했습니다.

"왜, 궁금하니? 나도 몰라, 왜 내가 50L라고 했는지. 아마도 우리 차는 고속도로를 달리다가 기름이 없어 멈춰 버릴지도 몰라"

내 말은 들은 해는 얼굴이 서서히 굳어졌습니다. 그래서 나는 빵을 하나 꺼내며

"차가 가다가 멈추면 이 빵 하나로 때우자. 구조되기 전까지……."

라고 말했습니다.

이 말에 해의 표정은 딱딱한 바게트 빵으로 변했습니다. 장난이 너무 심한가 싶어 나는 해에게 내가 계산한 50L는 450km를 가는 데 필요한 휘발유의 양이라고 말해 줬습니다. 그러나 해는 아직 내 말에 의심이 들었나 봅니다. 해의 얼굴이 눈 밑으로는 아직도 바게트 빵처럼 굳어 있는 것 같았으니까요. 그래서 나는 함수식을 이용하여 해에게 설명해 주었습니다. 여러분도 잘 들어 보세요. 정비례 함수식이고요. 그렇게 어려운 함수식이 아니니까요.

휘발유의 양 x는 주행거리 y와 정비례관계입니다. 이것을 식으로 세우면 $y=ax$가 되고요. 7L의 휘발유로 63km를 가니까 $x=7$이고 $y=63$이 됩니다. 그런데 말이죠, 식 $y=ax$를 잘 살펴보면 x와 y는 알겠는데 a가 뭔지 모르겠지요. 식 $y=ax$의 x 자리에 7, y 자리에 63을 대입하여 a를 찾아내면 됩니다. 한번

해 보겠습니다. 둥근 해야 잘 봐.

$y=ax$에 의해 $63=a \times 7$이므로 a의 값은 9입니다. a의 값이 9라는 것을 알았으니 함수식을 만들어 보겠습니다. 짜잔~ $y=9x$입니다. 그리고 $y=9x$가 주인공이라고 하면 $x \geqq 0$, $y \geqq 0$으로 조연들이 둘 붙습니다. 왜 함수식에 이런 조연들이 붙어야 하는 걸까요? 그 이유를 설명해 주겠습니다.

x가 무엇입니까? 그렇지요. x는 휘발유입니다. 기름을 넣어야 하니까 0보다는 커야 하지요. 그리고 안 넣을 수도 있으니 0이 될 수도 있죠. 따라서 등호 =가 붙는 거고요. 주행거리 역시 그렇게 생각해 보면 처음 출발점이 0이 되고 달리는 순간 0보다 커지니까 y는 0보다 크거나 같습니다. 이렇게 조연들이 달라붙어 있어야 주연인 함수식 $y=9x$가 빛이 나는 겁니다.

자, 이제 빛나는 함수식을 가지고 내가 어떻게 50L를 넣게 되었는지 말해 주려고 합니다.

답은 간단합니다. y에 가고자 하는 아우토반의 거리인 450km를 대입시켜 계산을 해 주면 됩니다. $y=9x$, $450=9x$, 따라서 $x=50$L가 됩니다. 이 풀이를 알게 된 해는 너무 기뻐했습니다. 하지만 기뻐하기에는 일렀습니다. 차가 목적지인 450km인 지

점에 도착하자 기름이 바닥나서 시동이 꺼져 버렸기 때문이었지
요. 450km까지 갈 수 있는 기름이었으니까요.

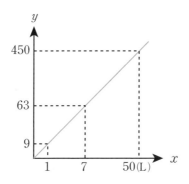

그래서 우리는 돈을 벌기 위해 아스팔트 까는 아르바이트를 시작했습니다. 아스팔트 $1m^2$의 넓이를 까는 데 4000원을 준다고 했습니다. 아스팔트를 깔아서 20000원을 번다면 얼마나 깔아야 하는지 궁금해졌습니다. 가로의 길이가 xm, 세로의 길이가 ym인 직사각형 모양의 아스팔트를 까는 데 필요한 관계식을 세웠습니다.

4000원어치의 아스팔트는 $1m^2$에 깔 수 있으므로 20000원을 벌려면 $5m^2$의 넓이의 아스팔트를 깔아야 합니다. 따라서 가로의 길이를 x라 하고 세로의 길이를 y라 하면 $xy=5$. 이때 x, y의 길이는 모두 양수가 되어야 합니다. 당연하지요. 아스팔트를 깔지 않으면 돈을 안 주니까요.

함수식은 좌변에 y만 남긴 상태로 정리해야 훌륭하다는 소리를 듣습니다. 이 가정에 따라 관계식이 $xy=5$인 식을 바꾸어 보겠습니다. 따라서 훌륭한 관계식은 $y=\dfrac{5}{x}(x>0,\ y>0)$입니다. 이를 그래프로 나타내 볼게요. 내가 x의 양을 맡게 되면 자동으로 y는 해가 맡아서 할 겁니다. 정해진 양에서 한 사람이 많이 깔면 다른 한 사람은 상대적으로 적게 깔게 되지요. 이러한 관계를 그래프로 보면 이해가 좀 더 빠를 겁니다.

디리클레가 들려주는 함수 1 이야기

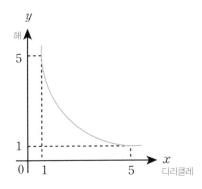

우리는 아르바이트를 해서 2만원을 벌었습니다. 이래가지곤

집에 돌아가는 기름 값을 벌기 힘들겠지요. 하지만 나는 해에게

'힘이 드니까 커피나 한 잔 마시며 숨을 돌리고 또 다른 일을 찾아보자'고 했습니다. 우리는 자동판매기로 가서 나는 200원을 넣어 커피를 한 잔 뽑아 마시고 해도 150원을 넣어 코코아를 뽑아 마셨습니다.

자동판매기에서 물건 값에 따라 돈을 넣으면 해당되는 물건이 나오는 것도 함수의 뜻과 비슷합니다. 잘 생각해 봅시다. 돈 x값을 자판기함수식에 넣으면 커피나 코코아 y값가 나옵니다. 이렇게 함수를 우리 실생활에 응용해 볼 수 있습니다. 온도, 속력, 판매량 등은 모두 어떤 요인에 따라 변하는 함수라고 할 수 있습니다. 이와 같이, 우리 주변에는 함수 관계에 있는 두 양이 많습니다. 이 관계를 표나 그래프로 그리면 시각적으로 그 경향을 파악하고 예측하는 데 도움이 됩니다.

이제 집으로 돌아가는 경비를 벌기 위한 마지막 아르바이트를 하려고 합니다. 그런데 이 일을 어찌합니까? 지금 맡은 일은 자칫 잘못하다간 25일간 할지도 모르겠네요. 생각하기에 따라서 말이죠. 우리가 맡은 일은 어떤 다리를 통과하는 차량 수를 5일간 조사한 표의 나머지 25일 동안 다리를 통과하는 차량의 수를 예상하는 일입니다. 말하자면 30일 동안 다리를 통과하는 차량의 예상 총 수를 조사하는 것이죠. 까까머리 해는 25일간이나 이 곳에 있을 수 없다며 이 일을 할 수 없다고 말하려는 것을 내가 막았습니다.

나는 소장에게 말해서 표를 보자고 말했습니다. 그 표를 보고 나는 소장에게 뭐라고 말해 주었습니다. 그리고 소장으로부터 돈을 받아 우리는 기름을 듬뿍 넣고 차를 몰아 집으로 돌아갔습니다. 아까부터 까까머리 해는 뭐가 궁금한지 자꾸 나를 쳐다봤습니다. 그래서 내가 계산한 방법을 가르쳐 줬습니다.

경과 시간 일	1	2	3	4	5
통과 차량 총 수 대	60	120	180	240	300

소장으로 부터 받은 5일간 조사한 표

이 문제 역시 함수를 이용하면 쉽게 풀 수 있습니다.

경과 시간을 x일, 통과하는 차량의 총 수를 y대라 하면 $y=60x$입니다. $y=60x$에 $x=30$을 대입하여 계산하면 $y=60 \times 30=1800$, 즉 1800대입니다. 여기서 $y=60x$는 $y=60 \times x$로 풀어 쓸 수 있습니다가운데 곱하기는 생략되었습니다. 중학교 1학년이 되면 문자와 식이라는 단원에서 곱하기가 생략되기도 하고 나누기가 감춰지기도 하는 것을 배웁니다.

해가 나를 존경스러운 눈으로 쳐다봤습니다. 이런 눈빛은 당연히 내가 받아도 됩니다.

하하하. 나는 겸손하지 않습니다.

자, 이렇게 유용한 함수를 알게 되었습니다. 함수에 대한 정의를 다시 생각해 봅시다.

디리클레가 들려주는 함수 1 이야기

우리가 앞에서 활용한 함수들은 정비례 함수와 반비례 함수였습니다. 이에 대해서도 살펴보겠습니다.

중요 포인트

함수의 정의

두 변수 x, y에 대하여 x의 값이 정해짐에 따라 y의 값이 하나로 정해지는 관계가 있을 때, 이를 함수라 하며

$$y = f(x)\ f(x) : x\text{에 관한 식}$$

로 표시합니다.

중요 포인트

정비례

변하는 두 양 x와 y에서 한 쪽의 양

x가 2배, 3배, 4배, …로 변함에 따라 다른 쪽의 양 y도 2배, 3배, 4배, …가 되는 관계가 있을 때, y는 x에 정비례한다고 합니다. y가 x에 정비례하면 $y = ax\ (a \neq 0)$라는 정비례 관계식이 성립합니다. 여기서 a는 비례상수라고 부르고 늘어나는 양에 관계됩니다.

정비례의 영원한 듀엣, 또는 라이벌. 반비례.

반비례

변하는 두 양 x와 y에서 한 쪽의 양 x가 2배, 3배, 4배,
…로 변함에 따라 다른 쪽의 양 y가 $\frac{1}{2}$배, $\frac{1}{3}$배, $\frac{1}{4}$배, …가
되는 관계가 있을 때, y는 x에 반비례한다고 합니다.

y가 x에 반비례하면 $y=\dfrac{a}{x}(a \neq 0)$라는 반비례의 관계식이 성립합니다. 함수 기호 f는 함수를 뜻하는 영어 단어 **function**의 첫 글자를 기호화 한 것입니다. 그리고 x와 y를 변수라고 부르는 데 $y=f(x)$에서 x의 값이 변하면 y의 값도 변합니다. 이때, 변화하는 양을 변수라고 합니다.

어린 해에게 딱딱한 용어 설명은 듣기에 너무 지루할 것 같습니다. 그래서 마지막으로 하나만 설명하고 이번 수업을 마치겠습니다.

$$y=6x,\ x와\ y는\ 변수,\ 6은\ 상수$$

48

디리클레가 들려주는 함수 1 이야기

변수와는 달리 일정한 값을 가지는 수나 문자를 상수라고 합니다.

어린 해는 차 창가에 기대어 자고 있고 나는 차에서 내려 자판기 커피를 마십니다. 이러한 행위도 함수라고 볼 수 있지요. '내가 자판기에 동전을 넣는다'는 x를 대입시키면 자판기에서 '커피 한 잔'을 내놓지요. 그게 바로 y가 되는 것입니다. 독립변수 x에 따라서 종속변수 y가 나타나는 활동입니다. 이렇게 수학을 생각하며 커피 한 잔을 마시니까 커피 맛이 좋습니다. 이번 수업을 마칩니다.

1 변수 x, y에 대하여 x의 값이 정해지면 이에 따라 y의 값도 오직 하나로 정해질 때, y를 x의 함수라고 합니다.

2 y가 x에 정비례하면 $y = ax(a \neq 0)$인 관계식이 성립합니다. 이는 정비례 관계식입니다.

여기서 a는 비례상수라고 부릅니다.

3 y가 x에 반비례하면 $y = \dfrac{a}{x}(a \neq 0)$인 관계식이 성립합니다. 이를 반비례 관계식이라고 합니다.

좌표평면, 순서쌍, 간단한 함수의 그래프

좌표축을 중심으로 나뉜 네 부분을
사분면이라고 합니다.

두 번째 학습 목표

1. 좌표평면을 이루고 있는 요소들의 용어를 알아봅니다.
2. 순서쌍이 무엇인지 알아봅니다.
3. 간단한 함수의 그래프에 대하여 알아봅니다.

미리 알면 좋아요

1. 좌표평면 위에 그래프를 그리기 전에 좌표축, 원점, 눈금의 표시를 정확하게 해야 합니다.

2. 좌표평면 위에 그래프를 나타내거나 그래프를 읽을 수 있는지에 대하여 알아야 합니다.

3. 순서쌍 두 수의 쌍으로 나타낸 것.

디리클레가 두 번째 수업을 시작했다.

　내가 해에게 좌표평면을 설명하기 위해 새벽같이 일어나서 복
근운동을 했습니다. 평소에도 운동부족이었던 내가 복근을 만들
기란 쉽지가 않았습니다. 소림사에서 자란 해도 벌써 일어나서
내가 운동하는 것을 지켜보고 있었습니다.

　"스승님, 지금 뭐하시는 거예요?"

"보면 모르니, 복근을 만들어 너에게 좌표평면을 가르치려고 한다."

나는 복근운동을 멈추고 상체를 들어 배에 힘을 주며 해에게 말했습니다.

"내 배를 잘 봐라 王왕자가 선명하게 보이지?"

"王왕자라뇨, 아무 자국도 보이지 않는데요."

"어린 나이에 시력이 상당히 나쁘구나. 배꼽을 주위로 선명하게 그려진 거 안 보이니?"

"아, 주름 잡힌 거요. 그건 살이 접힌 자국 아닌가요?"

허허, 어린이의 눈에는 거짓이 보이지 않나 봅니다. 나도 억지를 그만 부려야겠습니다. 그건 그렇고 복근을 만들지 못해서 좌표평면을 어떻게 설명해야 할지 난감했습니다. 이때, 까까머리 해가 자신의 배를 드러내 보이며 王왕자를 보여주었습니다. 선명히 드러난 王왕자였습니다. 그랬습니다. 해는 소림사에서 자랐기 때문에 매일 수련을 했던 것입니다.

수학에서 王왕자는 좌표평면에 이용되는 학습도구입니다. 함수의 그래프를 처음 그리는 학생들은 좌표평면에 그려 보면 수월합니다. 그래서 함수의 그래프를 배우기 전에 좌표평면을 배우는 것입니다. 그럼, 까까머리의 복근을 이용하여 좌표평면을 설명해 주겠습니다.

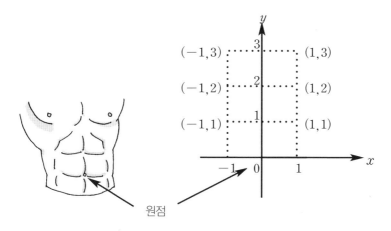

원점

보통 모눈종이를 보면 가로, 세로 줄이 연한 파란색으로 표시 되어 있습니다. 그리고 세로줄과 가로줄이 하나의 점에서 만나게 됩니다. 이를 이용하여 점의 위치를 파악해내지요. 점의 위치를 좌표평면에 나타냅니다.

일단 좌표평면에 대해 알아보도록 합시다.

좌표평면에는 좌표축이란 것이 두 개 있습니다. x축과 y축입니 다. 두 직선이 점 0에서 수직으로 만날 때, 가로의 수직선을 x축, 세로의 수직선을 y축이라고 합니다. 해의 복근에서 생각해 보면 배꼽을 중심으로 세로축이 y축이 되고 가로축이 x축이 됩니다.

원점이란 x축과 y축의 교점입니다. 해의 배에서 보면 배꼽의 위치지요. 배꼽 O를 좌표로는 (0,0)으로 나타냅니다.

내가 해의 배꼽을 폭폭 찔러보니 해가 '오, 오.' 하고 소리를 냅니다. 그래서 원점의 좌표는 영, 영으로 (0,0)이 된 것일까요? 믿거나 말거나. 하지만 원점의 좌표는 세계 어디를 가든지 비행기를 타든 배를 타고 가든 (0,0)입니다. (0,0)은 영 콤마 영이라고 읽으면 됩니다. 까까머리 해처럼 오오라고 읽지 마세요.

이 말에 까까머리는 부끄러워하며 배꼽을 가렸습니다.

좌표평면이란 좌표축이 그려져 있는 평면을 말합니다. 모눈종이만 가지고 좌표평면이라고 할 수는 없습니다. 좌표축과 원점을 그려 넣어야 좌표평면입니다. 아래에 좌표평면을 하나 그려보겠습니다.

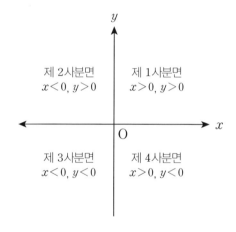

그림만 봐서는 잘 이해하기 힘들지요. 새로운 기호가 등장해서 그럴 거예요. 수학은 여러 가지 기호들을 연관 지어서 이것저것 생각을 해야 합니다.

말로도 한번 풀어 볼게요. 일단 앞에서 배웠듯이 x축과 y축이 만나서 그 교점인 원점이 생깁니다. 이때 해가 옆에서 자신의 배꼽을 가리킵니다. 귀엽습니다.

x축과 y축이 만나므로 이 교차점으로 인해 좌표평면은 네 바닥으로 나뉩니다. 그림에서 보듯이 원점에서 오른쪽 상부를 1사분면이라고 부릅니다. 그곳의 수들은 x값이든 y값이든 양수만 쓸 수 있습니다. 다른 수를 쓰면 반칙이 됩니다. 명심하세요.

양수만 쓴다는 표시가 바로 $x>0$, $y>0$이라는 표시입니다. 그리고 y축을 접어서 보면 왼쪽 상부를 제 2사분면이라고 합니다. 그곳에는 x의 값은 음수만 쓰고 y값은 양수만 쓰는 지역입니다. 기호로는 $x<0$, $y>0$로 나타냅니다. 그 다음은 배꼽 아래의 두 지역으로 오른쪽 하부의 x는 양수 값을 가지고 y는 음수 값을 가집니다. 뭐하세요? 그림을 보면서 이해해야 합니다. 멍하니 글만 읽으니까 이해가 잘 안 되죠. 그럼 그림을 보며 다시 읽어 보세요. 세월은 엄청 빨리 갑니다. 하나를 배우더라도 확실히 이해하고 넘어가야 합니다. 다 읽을 때까지 기다릴게요.

비교하면서 다시 읽었나요? 그럼 이제 왼쪽 하부를 설명하겠습니다. 왼쪽 하부의 x의 값은 음수이고 y의 값도 음수여야 합니

다. 그림을 보면 이해가 좀 될 겁니다. 위 그림을 봐도 이해가 안

되는 해에게 다시 밑에 그림을 그려서 이해시켜 봅니다.

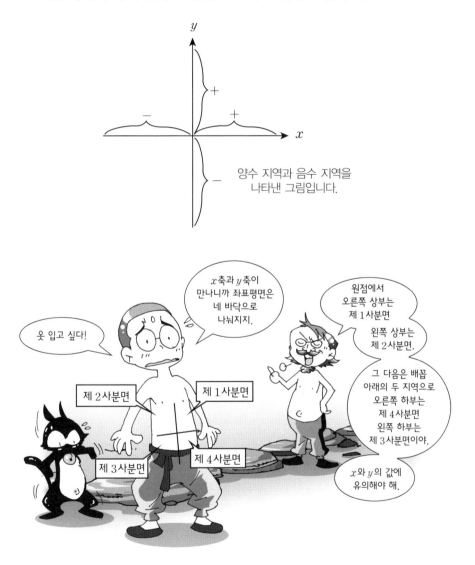

양수 지역과 음수 지역을
나타낸 그림입니다.

"해야, 내가 지금까지 설명한 것이 무엇에 관한 설명이지?"

나의 질문에 해는 멍청히 해만 바라봅니다. 그렇게 해를 자꾸 쳐다보면 시력이 나빠질 수도 있습니다. 공부 좀 하세요. 내가 좀 전에 설명한 부분은 사분면입니다. 좌표축을 중심으로 나뉜 네 부분을 사분면이라고 합니다.

사분면을 정리해 주겠습니다.

중요 포인트

사분면

좌표축에 의하여 나누어진 네 부분을 제 1사분면, 제 2사분면, 제 3사분면, 제 4사분면이라고 합니다. 단, 좌표축은 사분면에 포함되지 않습니다.

자, 이제 우리가 배우는 함수와 연결을 시켜 생각해 봐야 하지 않을까요? 따로따로 배우면 안 되겠지요. 함수의 그래프는 좌표 평면에 그립니다. 정비례와 반비례함수를 좌표평면 위에 그래프로 나타낼 수 있습니다. 그림을 도화지에 그리듯이 함수는 좌표 평면 위에 그려야지 맛이 납니다.

디리클레가 들려주는 함수 1 이야기

함수의 그래프가 좌표평면에 그려진다고 칩니다. 그럼 함수의 그래프는 어떻게 그려지는가를 알아야 하지 않겠습니까?

좋은 질문입니다. 잠시 기하학에 대해 설명 좀 하겠습니다.

"기하학이라고 하니까 겁이 나네요."

별거 아닙니다. 그냥 도형 이야기를 일부만 좀 하겠다는 소리입니다. 점들이 모여 선을 이루고 선들이 모여 면을 만든다는 말입니다. 끝입니다. 내가 말하고자 하는 기하학은 이 부분입니다.

해의 굳어진 표정이 다시 원래대로 돌아오네요. 그러니 미리 겁먹지 마세요. 세상에는 우리가 극복해야 할 일들이 많습니다. 용기를 가지고 수학을 정복해 나갑시다. 점들이 모여 선을 이룬다는 이 말에 선분 또는 변을 그으세요. 우리가 말하는 함수의 그래프와 연관이 있는 말이니까요. 정비례는 직선입니다. 반비례는 곡선이고요. 하지만 이 선들은 무수히 많은 대응점들로 이루어졌습니다. 무수히 많은 점들이 모여 선으로 만들어졌다는 것을 잊어서는 안 됩니다. 그 점들 하나하나가 바로 함수 관계로 만들어졌기 때문입니다. 그 하나의 점들은 순서쌍들로 이루어져 있습니다. 해야, 그래서 우리는 지금 순서쌍을 배우려고 한다. 나는 해의 상체를 벗깁니다. 딴 뜻이 있는 것이 아닙니다. 해의 선명한 복근을 이용하여 여러분에게 순서쌍을 가르쳐 드리겠습니다.

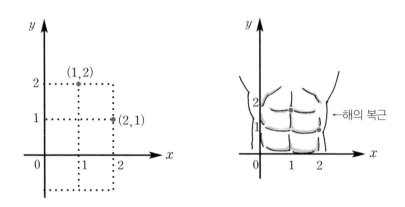

디리클레가 들려주는 함수 1 이야기

순서쌍

두 수 a, b의 순서를 정하여 짝지어 (a, b)로 나타낸 것을 순서쌍이라고 합니다. 평면 위의 점의 좌표는 (x좌표, y좌표)의 순서쌍으로 표현하며 순서를 바꾸어 표현하면 다른 점의 위치가 됩니다.

즉, 해의 복근을 잘 보면 알겠지만 $(1, 2)$ 와 $(2, 1)$은 전혀 다른 위치의 점입니다.

밑의 좌표평면에서 점 P의 좌표는 x축으로 수선을 그어 x축과 만나는 값 -1과 y축으로 수선을 그어 y축과 만나는 값 2를 순서대로 나열하여 P$(-1, 2)$로 나타냅니다.

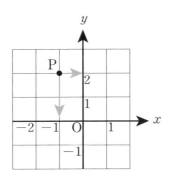

이제 생각을 해 봅시다. 순서쌍들이 일정한 규칙에 의해 촘촘히 모이면 그 그림이 바로 함수의 그래프입니다. 백문이 불여일견이라 함수의 그래프를 만들어 봅시다.

정의역이 X={−2, −1, 0, 1, 2 }일 때, 잠깐 해야! 정의역이란 x의 값들이라는 거 다 알고 있지?

그럼 함수 $y=2x$의 그래프를 그리는 과정을 살펴보겠습니다.

다섯 개의 x값들을 식에 차례로 대입하면 y의 값들을 아래의 표와 같이 얻을 수 있습니다. 얻는다고 해서 공짜로 얻어지는 것은 아닙니다. 하나하나 계산을 해서 얻은 것입니다. 일단 표를 보고 계산 과정을 하나 들어 보겠습니다.

x	−2	−1	0	1	2
y	−4	−2	0	2	4

첫 세로줄이 나오는 과정을 한 번 보여주겠습니다. 설명은 한 번뿐입니다. 하지만 다시 듣고 싶은 분은 다시 읽어 보면 됩니다.

해답은 $y=2x$식에 있습니다. 이 식의 x 자리에 −2를 대입시킵니다. 아 참~ 2와 x 사이에는 곱하기가 생략되어 있습니다. 계산할 때는 곱하기 기호를 다시 살려서 곱해야 합니다.

디리클레가 들려주는 함수 1 이야기

$y=2x=2\times x=2\times(-2)=-4$로 y의 값이 나옵니다. 다른 y들도 똑같은 과정을 거칩니다. 모두 한 번씩 계산하려면 지루하겠지만요.

이제 또 다른 기술로 위 표를 나타내 보이겠습니다. 아, 새로운 기술은 아니고 앞에서 배운 순서쌍을 이용해서 보여 주는 것입니다.

$(-2,\,-4),\,(-1,\,-2),\,(0,\,0),\,(1,\,2),(2,\,4)$

옹기종기 모여 있는 순서쌍을 데리고 좌표평면으로 여행을 가겠습니다. 바쁘지 않다면 따라 오세요. 물론 입장료는 받지 않겠습니다. 해야 너도 따라와라.

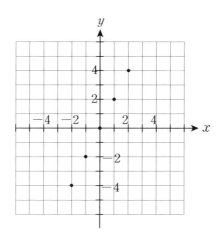

이렇게 순서쌍을 이용하여 $y=2x$라는 함수식을 표현해 봤습니다. 옆에서 내가 설명을 하는 동안 해가 심심했던지 점과 점들을 연결해 버렸습니다. 잘했습니다. 직선이 생겼지요. 이렇게 표현되는 함수 $y=2x$도 있습니다. 이렇게 선으로 표현하려면 앞에서 주어진 정의역의 범위를 바꿔 주어야 합니다. 앞에서는 정의역의 값이 5개였지만 직선으로 나타내려면 무수히 많은 정의역의 x 값들이 있어야 합니다. 그래서 정의역 x의 값을 실수 범위로 확장해야 합니다.

실수는 모래처럼 많은 수를 나타냅니다. 그리고 실선을 그을 수 있을 정도의 많은 수입니다. 그러면 해가 그은 직선이 맞는 표현이 됩니다.

하지만 해야. 앞으로는 나에게 물어보고 하도록 해라.

이때. 해가 작대기를 하나 들고 와서 소림사에서 배운 봉술을 보여 주겠다고 합니다. 녀석, 나에게 미안했던지 자신의 장기를 보여준다고 합니다. 마침 잘됐네요. 봉술이 바로 정비례 함수인 $y=ax$이거든요. 그림을 보세요. 해가 동작을 하고 있습니다.

위 그림의 함수는 원점 $(0,0)$을 지나는 직선입니다. a가 양수
이면 그래프는 오른쪽 위로 향하는 직선이고, 제 1사분면과 제 3
사분면을 지납니다. x의 값이 증가하면 y의 값도 증가합니다. 순
서쌍을 잘 생각해 보세요. 해가 또 다른 동작을 보여줍니다. 기특
합니다.

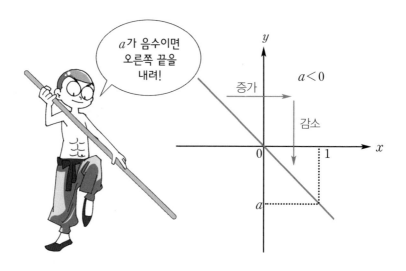

a가 음수일 때 함수의 그래프는 오른쪽 아래로 향하는 직선이
고, 제 2사분면과 제 4사분면을 지납니다. x의 값이 증가하면 y
의 값은 감소합니다.

디리클레가 들려주는 함수 1 이야기

해의 여러 가지 봉술 응용 동작을 보며 정비례 함수에 대한 그래프는 마칩니다. 곧이어 반비례 함수에 대해 공부합니다. 일단 해의 봉술 동작을 봅니다.

해의 봉술 동작에서 알 수 있듯이 a의 절댓값이 클수록 함수 $y=ax\,(a\neq0)$의 그래프는 y축에 가까워짐을 알 수 있습니다. 힘을 내세요. 반비례 함수의 그래프만 살펴보고 이번 수업을 끝내려고 하니까요.

정의역이 $\{-6,\ -3,\ -2,\ -1,\ 1,\ 2,\ 3,\ 6\}$인 함수 $y=\dfrac{6}{x}$의 그래프를 오른쪽 좌표평면 위에 그려보겠습니다. 색칠은 안 해도 됩니다. 물감은 치우세요.

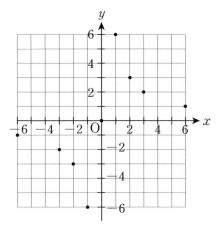

해가 그림의 점들이 어떻게 나왔는지 물어보네요. 여러분도 궁금하지요. 계산해 드립니다.

$y=\dfrac{6}{x}$에서 x자리에 -6을 대입하여 계산하면 $y=\dfrac{6}{-6}=-1$이 됩니다. 그렇게 차례로 계산해 보면 다음과 같은 순서쌍이 등

디리클레가 들려주는 함수 1 이야기

장합니다. 요란하게 말입니다.

$(-6, -1)$, $(-3, -2)$, $(-2, -3)$, $(-1, -6)$, $(1, 6)$, $(2, 3)$, $(3, 2)$, $(6, 1)$ 올망졸망하게 생긴 놈들입니다. 좌표평면 위에 밥풀떼기 붙이듯이 붙여 보면 위 그림처럼 나타납니다.

해가 갑자기 그들을 연결해 보고 싶다고 해서 그렇게 하라고 허락해 줬어요. 그림은 다음과 같아요.

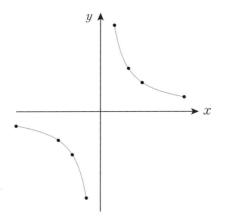

해가 그은 그림에 대한 설명으로는 정의역이 0을 제외한 수 전체의 집합일 때입니다. 그림은 제 1사분면과 제 3사분면을 지나는 곡선의 그림이지요.

반비례 함수의 그래프 역시 세트로 있습니다. 반비례 함수 $y = \dfrac{a}{x}$ $(a \neq 0)$의 그래프에 대해 알아봅시다.

이 함수 그래프의 특징은 원점에 대하여 대칭인 한 쌍의 매끄

러운 곡선이 된다는 것입니다. 그리고 $y=\dfrac{a}{x}$의 모양이어서 '분모에 0이 올 수 없다'는 분수의 성질을 가지는 운명입니다. 분모가 0이 될 수 없으므로 원점을 지나지 않고 따라서 y의 값도 0이 안 됩니다. 애석하게도 반비례 그래프는 원점을 영원히 만날 수가 없는 운명입니다. 앞으로 반비례 함수를 만나면 잘 대해 주세요.

그리고 반비례 함수에서 a가 양수로 정해질 때는 식을 좀 보면서 설명해 볼까요? $y=\dfrac{a}{x}$에서 a가 양수일 때 x가 양수라면 y는 자동으로 양수, x가 음수라면 y도 음수입니다. 잘 생각해 보세요. 당연한 것입니다. 그래서 a가 양수이면 이 반비례 함수의 그래프는 (양수, 양수) 와 (음수, 음수)가 부호로 나오는 지역인 제 1사분면과 제 3사분면에 그려집니다.

이처럼 a가 음수인 경우를 생각해 보면 $y=\dfrac{a}{x}$ 식에서 a가 음수로 고정됩니다. 그리고 x가 양수라면 y의 값은 음수가 됩니다. x가 음수라면 a도 음수이므로 y 값은 양수가 되지요. 그래서 (양수, 음수) 가 있는 지역은 제 4사분면이고요. (음수, 양수)가 있는 사분면은 제 2사분면입니다. 그림이 그 지역에서 미끄럼틀 같은 매끄러운 곡선이 생긴다는 소리입니다.

내가 이렇게 열심히 설명을 하는 동안 잠시 사라진 해가 어디서 들고 왔는지 쌍절곤을 가지고 왔습니다. 자신의 소림사에서 배운 기술이라고 하며 반비례 함수의 그림을 그리는 데 도움이 된다고 합니다. 무슨 도움이 되는지는 잘 모르겠지만 해의 쌍절곤 기술을 한 번 봅시다.

← 크으~
반비례 함수의
모습이라고 억지 부림

크으, 귀여운 해가 반비례 함수는 항상 쌍곡선이라는 말을 어디서 주워들었는지 쌍절곤을 구해 와서 저렇게 열심히 돌리네요. 그렇습니다. 반비례 함수는 원점에 대칭인 직각쌍곡선이 맞습니다.

a가 양수일 때는 x의 값이 증가함에 따라 y의 값이 감소합니다. 하지만 a가 음수일 때 x의 값이 증가하면 가만히 있던 y의

값도 덩달아 증가합니다. 재미있는 그래프입니다.

주먹을 쥐는 동작으로 a가 양수일 때와 음수일 때를 구분해 봤습니다. 이것은 재미있으라고 하는 소리니까 재밌게 보면 됩니다.

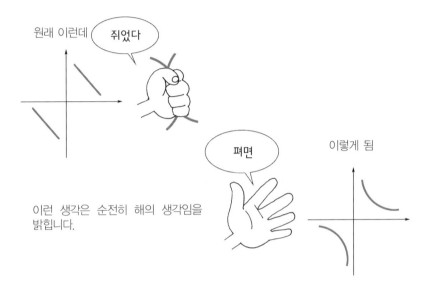

그리고 잠깐, 마치기 전에 좌표평면에 대한 이야기를 하나 하지요. 데카르트라는 수학자가 전쟁 중 군인으로 재직할 때 군 막사 천장에 파리가 붙어 있는 것을 보고 좌표평면을 만들어 내었다고 합니다. 그런 분이 지금 엄청 발달한 문명에서 태어났다면 얼마나 많은 수학을 만들어 우리를 괴롭힐지 끔찍합니다. 하하 농담입니다. 이번 수업을 마칩니다.

수업 정리

① 좌표평면에는 좌표축 두 개가 있습니다. x축과 y축입니다. 두 직선이 점 O에서 수직으로 만날 때, 가로의 수직선을 x축, 세로의 수직선을 y축이라고 합니다.

② 두 수 a, b의 순서를 정하여 두 수를 짝지어 (a, b)로 나타낸 것을 순서쌍이라고 합니다. 평면 위의 점의 좌표는 (x좌표, y좌표)의 순서쌍으로 표현하며 순서를 바꾸어 표현하면 다른 점의 위치가 됩니다.

일차함수란?

함수 $y=f(x)$에서 y가 x에 관한 일차식 $y=ax+b$ $(a \neq 0,$ a, b는 상수)로 나타낼 때, 이 함수를 일차함수라고 합니다.

세 번째 학습 목표

1. 일차함수의 정의에 대해 알아봅니다.
2. 정비례 함수의 모양을 알아봅니다.
3. 기울기와 y절편에 대해 알아봅니다.

미리 알면 좋아요

1. **그래프** 함수의 값을 좌표에 의해서 나타낸 것

2. **정의역** 함수 $y=f(x)$에서 변수 x의 값을 나타내는 수 전체의 집합

3. **공역** 함수 $y=f(x)$에서 변수 y의 값을 나타내는 수 전체의 집합

디리클레가 세 번째 수업을 시작했다.

앞에서 해의 봉술이 인상적이었습니다. 저도 평소에 동양무술
에 많은 관심이 있었습니다. 이제부터 일차함수를 배우게 되는데
왠지 해의 봉술이 많이 쓰일 것 같은 느낌이 듭니다. 일차함수를
그림으로 나타내면 직선이 됩니다. 봉 역시 직선이지요. 잘 연관
시켜서 생각해나가도록 해요.

먼저 일차함수에 대해 설명하겠습니다. 수학적인 표현이니 정신 바짝 차리고 들어주세요.

수의 집합 X와 Y를 각각 정의역과 공역으로 하는 함수 $y=f(x)$에서 y가 x에 관한 일차식 $y=ax+b$ ($a \neq 0$, a, b는 상수)로 나타내어질 때, 이 함수를 일차함수라고 합니다. 일차함수라고 하면 x의 차수가 1이 됩니다. x^2이면 이차식으로 구별이 잘 가는데 일차식은 x^1으로 나타내야 하지만 x^1의 1은 생략되고 x

디리클레가 들려주는 함수 1 이야기

만 쓰기로 하니까 좀 헷갈리는 것입니다.

정의를 말로 풀이하니까 이해하기가 만만치 않지요. 귀성객이 많은 서울역 광장에서 일차함수를 섞어 놓는다면 찾으시겠어요? 그래서 연습을 해 보도록 합시다.

다음은 수 전체의 집합을 정의역과 공역으로 가지는 함수의 관계식입니다. 일차함수인 것을 모두 골라보세요. 답이 두 개입니다. 학생들이 가장 싫어하는 문제가 바로 답을 두 개 고르라는 문제이지요. 하하, 고난도 자꾸 극복해 봐야 단련이 됩니다.

보기 있습니다.

① $y = 5x$ ② $y = 7 - x$ ③ $y = \dfrac{3}{x}$

④ $y = 2x - (5 + 2x)$ ⑤ $y = x^2$

인상착의를 잘 살펴보고 일차함수의 기준을 제시해야 합니다. 다들 못되게 생겼네요.

①부터 봅시다. y가 있고 x가 있으면 일단 함수로서의 기준에는 합격입니다. 이제 좀 더 자세히 x를 들여다봅시다. x가 일차 맞지요? 보세요. 이 말에 좀 헷갈리지요. x만 있으면 일차 맞아요. 왜냐면 x^1이라고 나타내지 않고 x라고 쓴다고 했지요. 건방

진 녀석이지요. 그래서 ①번은 일차함수입니다.

다음은 ②번. 7이라는 군더더기가 붙어 있지만 자신의 몸에 때가 있다고 해서 철수가 영희인 것은 아니지요. 그래서 ②번도 일차함수입니다.

③번. 중요한 식이 하나 등장했습니다. x가 있더라도 분모에 있으면 상황이 달라집니다. 분모에 x가 있으면 이 함수는 반비례 함수 또는 분수 함수라고 하고 일차함수가 아닙니다. 여기에 대한 자세한 설명은 할 수 없습니다. 고등학교 심화 과정에서 지수의 확장이라는 내용을 배운 후 함수의 종류를 따져 봐야 하니까요. 그러나 분모에 x가 있으면 일차함수가 아니란 것은 확실합니다.

④번. 우리나라 말은 끝까지 들어 봐야 한다는 이야기가 있지요. 그 말에 해당되는 문제가 바로 이 ④번입니다. $y=2x-(5+2x)$. 이 식은 계산이 끝난 상태가 아닙니다. 계산을 끝내 놓고 말해야 합니다. 누가 이래 놓고 어디를 간 겁니까? 무책임하네요.

자, 정리합니다. $y=2x-5-2x$는 괄호를 푸는 분배법칙이 들어간 겁니다. 분배법칙[1]이라는 기술을 걸었습니다. 이제 또 다른 기술인 동류항끼리 계산을 해 보겠습니다. 동류항끼리 계산은 끼리끼리 계산이라고 생각해 보세요.

1
분배법칙 괄호를 풀 때 괄호 밖에 곱해져 있는 음수부호나 수를 괄호 안으로 골고루 계산해주는 고급기술

$y=2x-5-2x$ x끼리 계산

$y=-5$ $2x$와 $-2x$를 계산하면 서로 반수관계로 0이 됩니다

윽, 그래서 x가 사라졌습니다. 간다는 인사도 없이 말이죠. 이 식에서는 x가 사라졌으므로 일차식이 아닙니다.

⑤번. $y=x^2$을 살펴보겠습니다. 그렇다고 너무 째려보지 마세요. 사람을 빤히 쳐다보다간 시비 붙을 수가 있어요. 이것은 살짝 흘겨봐도 일차함수가 아니라는 것을 알 수가 있어요. x^2만 봐도 이것은 이차입니다. 그래서 답은 ①과 ②입니다.

이제 일차함수의 그래프에 대하여 자세히, $\dfrac{1}{100}$만큼 정밀하게 알아보겠습니다. 일차함수는 정비례 함수에서 가만히 앉아 있지 못하고 이리저리 움직인 녀석입니다. 무슨 말인지 지금은 이해가 좀 안 되지요. 그럼 정비례 함수가 일차함수라고 생각하세요. 미세한 차이는 이야기하면서 설명해 줄 거니까요.

정비례 함수, $y=ax$ a가 0이 되면 안 됨의 그래프는 원점을 지나는 직선입니다. 이 그래프를 평행이동 시킬 수 있습니다. 무수히 많이 만들 수 있겠지요. 마치 비가 오듯이 만들 수 있습니다. 그림을 좀 볼까요?

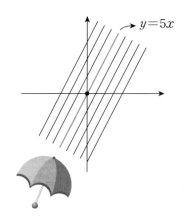

평행이동이라는 말이 나왔죠. 알고 넘어갑시다. 직선도 도형입니다. 직선을 일정한 방향으로 일정한 거리만큼 이동시키는 것을 평행이동이라고 합니다. $y=ax+b$의 그래프는 일차함수, 또는 정비례 함수 $y=ax$의 그래프를 y축의 방향으로 b만큼 평행이동한 직선입니다.

이쯤 되면 일차함수에 대해 잘 정리할 단계가 된 것 같습니다. 보시죠.

해야 너도 보아라.

일차함수 $y=ax+b\,(a\neq0)$의 그래프는 일차함수 $y=ax$의 그래프를 b가 양수이면 y축의 양의 방향으로 b만큼, b가 음수이면 y축의 음의 방향으로 절댓값 b만큼 평행이동한 직선입니다.

우리 해가 소림사 봉술로 보여주겠답니다. 보시죠.

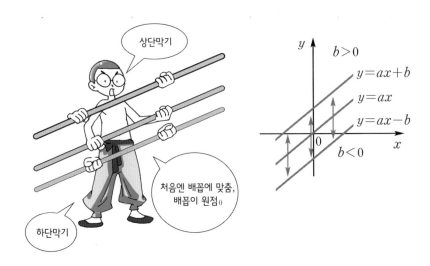

문자와 기호로만 나타내니까 상당히 힘들게 보이지요. 하지만 수학은 봉술처럼 처음엔 배우기 힘들어도 배우고 나면 재밌어요. 그리고 알고 보면 상당히 쉬워요.

일차함수의 그래프 $y=3x$를 y축의 방향으로 2만큼 이동시킨 다면 $y=3x+2$라고 쓰면 됩니다. 간단하죠. 자신감을 가지세요.

$y=5x$를 y축으로 음의 방향으로 3만큼 평행이동 시킨 것은?

$$y=5x-3$$

맞습니다. y축 이동을 해의 봉술로 생각해 보면 음의 방향은 봉술의 하단 막기이고 양의 방향은 봉술의 상단 막기입니다. 막기 봉술로 일차함수의 평행이동을 배웠으니 돌리기 봉술로 일차함수의 기울기를 배워 보겠습니다.

해야, 봉술 준비해라.

$y=ax$의 그래프에서 a가 양수이면 x의 값이 증가할 때 y의 값도 증가해 봉 끝이 위로 향합니다. a가 음수이면 x의 값이 증가할 때 y의 값은 감소합니다. 이때는 봉 끝이 아래로 향하지요.

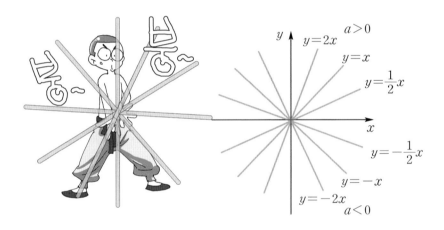

이제 수를 대입하여 잘 정리해 보겠습니다.

이번에 보여줄 일차함수는 $y=2x+3$입니다. 여기서 3이라는 상수항을 떼고 $y=2x$와 비교하여 생각해 보도록 합니다.

x의 여러 가지 값에 대응하는 $2x$, $2x+3$의 값을 구하여 대응표를 만들어 보여 주겠습니다.

x	$\cdots$	-2	-1	0	1	2	$\cdots$
$2x$	$\cdots$	-4	-2	0	2	4	$\cdots$
$2x+3$	$\cdots$	-1	1	3	5	7	$\cdots$

이 대응표를 이용하여 일차함수 $y=2x$와 $y=2x+3$의 그래프를 그리면 밑의 그림과 같습니다.

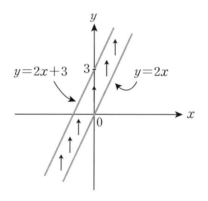

위에서 표와 그림을 잘 살펴보면 같은 x의 값에 대하여 $2x+3$의 값은 $2x$의 값보다 항상 3만큼 큽니다. 그래서 $y=2x+3$이 $y=2x$의 그래프를 y축 방향으로 3만큼 평행하게 이동한 것과 같습니다. 다시 한 번 말하지만 한 도형을 일정한 방향으로 일정한 거리만큼 이동하는 것을 평행이동이라고 합니다.

이 디리클레가 여러분들을 위해 학교 시험문제를 살짝 가르쳐

디리클레가 들려주는 함수 1 이야기

줄게요. 보통 이런 이야기 할 때는 다른 학생들에게 '비밀이에 요'라고 말들을 많이 합니다. 근데 세상에 비밀이 어디 있어요. 친구들에게 다 말해 주세요, 나의 설명을. 하하하!

일차함수 $y=f(x)$에서 $f(x)=3x-1$이라고 할 때, $f(-2)+f(1)$ 의 값을 물어보는 문제는 시험에서 흔히 출제됩니다. 지나 보면 별거 아니지만 일차함수를 배우는 그 당시에는 정말 이해가 잘 안 되는 부분이었습니다.

이런 문제는 함수의 속성을 묻는 문제라고 볼 수 있습니다. x 의 값에 따라 변하는 y값, 즉 똑같은 물이라도 소가 먹으면 우유 가 되고 뱀이 먹으면 독이 됩니다. 앞에서 이 말을 함수의 속성에 비유했는데 지금은 같은 물을 먹이는 것이 아닙니다. 다른 종류 의 먹이를 먹이는 함수의 속성 문제입니다. 즉 같은 함수라고 해 도 x의 값에 따라 함숫값 y가 달라지는 문제이지요.

함수 $f(x)=3x-1$을 소라고 보시고 ( )가 소의 입이라고 생각 하면 됩니다. $f(-2)+f(1)$에서 처음에는 -2를 소에게 먹이고 두 번째에는 1을 소에게 먹인다고 생각하세요. 소 $3x-1$은 아무 것이든 잘 먹습니다.

-2를 먹이고 나온 변의 색깔은? 일단 소화되는 과정을 먼저

봅시다.

$3 \times x - 1$이 소의 몸 구조입니다.

x 자리에 -2를 대입시킵니다.

꿀꺽~ $3 \times (-2) - 1$이 됩니다. 소화가 바로 계산입니다.

계산된 결과는 $-6 - 1$로 -7이 됩니다. -7이 소화된 변의 색깔입니다.

그다음 것을 먹여 보겠습니다. 1입니다.

$3x - 1$로 소는 그대로입니다.

$3 \times 1 - 1$. 자 소화됩니다.

2가 변의 색깔입니다.

-2를 먹었을 때와 1을 먹었을 때의 변을 더해 봅니다. 왜냐하면 식과 식 사이에 더하기가 있었으니까요.

$-7 + 2 = -5$.

일차함수의 대입 문제는 소처럼 숫자를 꾸역꾸역 대입시켜서 생각을 소화시키면 됩니다.

참새가 방앗간을 그냥 지나칠 수 없듯이 일차함수의 그래프 역시 좌표평면 위에 그려질 때에는 절대 절편을 그냥 지나치지 않습니다.

그럼, 절편이란 것이 무엇일까요? 몹시 궁금해지네요. 해 역시 옆에서 절편이 무엇인지 궁금해 합니다.

일차함수의 그래프에서 절편은 두 개가 있습니다. 그 이름 하여 x절편과 y절편입니다.

자, 함수의 그래프가 x축과 만나는 점의 x좌표를 x절편이라고 합니다. 이것은 $y=0$일 때의 x의 값입니다. x절편을 구하기 위해 의도적으로 y에 0을 대입하여 구하기도 합니다. 함수의 그래프가 y축과 만나는 점의 y좌표를 y절편이라고 합니다. y절편 역시 그 값을 구하기 위해 의도적으로 x에 0을 대입하여 구합니다. 일단 그래프 그림으로 한 번 보고 설명을 더 하도록 합니다.

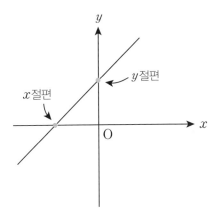

일차함수 $y=ax+b$ a가 0이 되면 안 됩니다. 왜냐하면 a가 0이 되면 일차함수가 아니니까요의 그래프에서 x절편과 y절편을 구하면 다음 과 같아집니다.

그래프가 x축과 만나는 점의 y좌표는 0이므로 $y=ax+b$에 $y=0$을 대입하면

$$0=ax+b, \ x=-\frac{b}{a}$$ x에 대하여 식을 정리한 결과 입니다.

디리클레가 들려주는 함수 1 이야기

이때, 해가 제동을 겁니다.

잘 모르겠는데요.

그렇습니다. 이 계산이 힘들 수도 있지요. 그래서 천천히 슬로 비디오로 설명을 합니다.

$0 = ax + b$에서 일단 아무 생각하지 마시고 $-ax$를 양변에 더하세요.

$$0 - ax = ax + b - ax$$

$$-ax = b$$

이제 x에 대하여 정리하고 싶은데 x 앞에 $-a$라는 군더더기가 붙어 있지요. 누군지는 모르겠지만 x에 곱하기라는 계산을 본드로 붙여 놨습니다. 그래서 양변에 $-\dfrac{1}{a}$을 곱하여 줍니다.

$$(-ax) \times (-\dfrac{1}{a}) = b \times (-\dfrac{1}{a})$$

$$x = -\dfrac{b}{a}$$

한참 설명하니까 우리가 뭘 구했는지 까먹었지요. 해야, 똑바로 들어, 우리가 구한 x의 값은 x절편이야.

이제 그래프의 y축과 만나는 점의 좌표, y절편을 구해 보도록 하지요.

$y = ax + b$라는 식의 x 자리에 0을 대입시키는 방법이 바로 y

절편을 구하는 길입니다. $y=a×0+b$, 0에 어떤 수를 곱해도 다 0입니다. 따라서 $y=b$가 됩니다. 여기서 구해진 y의 값을 y절편이라고 부릅니다.

수학에서 수로 예를 들지 않고 그냥 지나치면 정말 섭섭하죠.

해가 아니라고 소리치고 싶은지 봉을 던져버리고 달아납니다. 잡히면 죽습니다.

$y=3x+6$의 그래프에서 $y=0$일 때,

$0=3x+6$,

$-3x=6$입니다.

따라서 $x=-2$가 되어 x절편은 -2입니다.

$x=0$일 때, $y=3×0+6$이므로 $y=6$이 되어 y절편은 6이 됩니다.

다시 한 번 말하겠습니다. 입이 아프도록.

일차함수의 그래프가 x축과 만나는 점의 x좌표를 x절편, y축과 만나는 점의 y좌표를 y절편이라고 합니다. 절편에 대한 설명은 이것으로 마칩니다.

이때, 해가 봉을 주어 와서 봉을 삐딱하게 세워 둡니다. 삐딱하게 세워진 봉을 보며 나는 일차함수 그래프의 기울기가 생각났습니다. 이제 일차함수의 기울기에 대해 공부합시다.

기울기는? 일차함수 $y=ax+b$의 그래프에서 x의 값의 증가량에 대한 y의 값의 증가량의 비율을 기울기라고 합니다.

한눈에 들어오도록 정리해 줄게요. 아래로!

$$기울기 = \frac{y의\ 값의\ 증가량}{x의\ 값의\ 증가량} = a 일정$$

$y=ax+b$. 여기서 a가 나타내는 것이 바로 기울기입니다. 기울어져 있는 식을 하나의 수로 보여줍니다. 친절하죠. 일차함수에서 $+b$가 나타내는 것은 y축과 만나는 점의 좌표인 y절편입니다. 그래도 이해가 안 됩니까? 그럼 이것은 어떤가요. x의 값이 이동한 양에 대한 y의 값이 이동한 양의 비입니다.

뭐가요?

기울기가 그 비율을 나타냅니다. x가 조금 이동하고 y가 많이 이동한다면 기울기는 급해집니다. 기울기를 경사라고 보면 됩니다. 경사가 가파르다는 소리입니다. x의 이동량은 큰데 y의 이동량이 얼마 안 된다면 경사는 완만해집니다. 그래서 경사는 가파르지 않게 됩니다. 감이 좀 잡히나요? 기울기!

이제 일차함수 $y=3x+1$의 x, y의 값의 변화를 표와 그래프
로 비교하여 나타내 보겠습니다. 우리는 여기서 기울기의 특성을
온몸으로 느껴야 합니다.

x	$\cdots$	-3	-2	-1	0	1	2	3	$\cdots$
y	$\cdots$	-8	-5	-2	1	4	7	10	$\cdots$

디리클레가 들려주는 함수 1 이야기

위의 표에서 x의 값의 증가량에 대한 y의 값의 증가량의 비율은 $\dfrac{3}{1} = \dfrac{6}{2} = \dfrac{9}{3} = \cdots = 3$으로 항상 일정하고 그 값은 일차함수 $y = 3x + 1$에서 x의 계수 3과 같음을 알 수 있습니다. 또한 기울기는 x의 값이 1만큼 증가할 때 y의 값이 증가한 양을 나타냅니다.

이번에는 그래프로 보겠습니다.

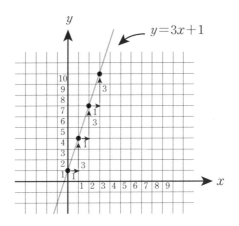

일차함수 $y = -2x + 5$에서 x의 계수는 -2입니다. '그럼 해야, -2를 뭐라고 부를 수 있지' 하고 내가 물었습니다. 해가 말합니다.

"기울기입니다."

가르친 보람이 느껴집니다. 그래서 상수항 5는 무엇과 같은지 물어봅니다.

"y절편입니다."

해는 봉술을 이리저리 돌리며 '기울기는 좀 한다' 라고 자랑합니다. 그러네요. 기울기에 대해 다시 한 번 정리해 보도록 하지요.

$$기울기 = \frac{y의\ 값의\ 증가량}{x의\ 값의\ 증가량}$$

그리고 한 일차함수, 직선에 대하여 기울기는 언제나 일정합니다. 일차함수는 아무리 힘이 들더라도 기울기는 꺾이지 않습니다. 힘이 들면 꺾이는 함수는 따로 있습니다. 절댓값 기호가 있는 함수는 바로 꺾입니다. 확인하세요.

일차함수 $y = ax + b$의 그래프에서 x의 값의 증가량에 대한 y의 값의 증가량의 비율, 즉 a를 기울기라고 합니다. 일차함수 $y = 2x - 1$의 그래프에서 x의 값이 1만큼 증가할 때, y의 값은 어떻게 변할까? 해가 대답합니다.

"2만큼 증가합니다."

야아— 해가 많이 성장했습니다. 그래서 나는 해를 보고 2만큼 증가하는 과정을 식으로 좀 표현해 달라고 했습니다. 해는 갑자기 배가 아프다며 화장실로 갔습니다.

그래서 제가 설명해 드리겠습니다. 해는 왜 갑자기 배가 아픈지 모르겠습니다.

$$기울기\ 2 = \frac{y의\ 증가량_{모르면 = \triangledown}}{x의\ 증가량 = 1},$$

식을 간단히 표현하면 $2 = \frac{\triangledown}{1}$ 이므로 $\triangledown = 2$입니다.

기울기가 2로써 양수이니까 x가 증가할 때 y도 같이 증가하는 값을 가집니다. 만약 기울기가 음수이면 x가 증가할 때 y는 증가하지 못하고 감소하는 값을 가지게 되지요. 그래서 그때는 'y는 감소한다'라고 말해 주어야 합니다. 말을 조심해서 하도록 합니다.

도형을 공부하다 보면 두 점을 지나는 직선은 오직 하나가 생긴다는 말을 들을 수 있습니다. 의심이 가면 직접 해 보세요. 점 2개를 종이 위에 찍고 자를 대고 그어 보세요. 반드시 한 직선만 생깁니다. 곡선이 아니라 직선입니다.

그렇지요. 하나밖에 만들 수 없지요.

여기서 생각을 좀 더 해 보겠습니다. 직선이 생기면 기울기도 생깁니다. 그럼 이것을 연결해서 생각해 볼게요. 두 점이 있으면 기울기가 만들어진다고 할 수 있습니다. 그래서 이런 문제가 학교 시험문제로 자주 등장합니다.

두 점 (1, 2)와 (2, 5)를 지나는 일차함수의 그래프의 기울기는? 여기서 기울기를 구하는 여러 가지 방법이 있습니다. 하나씩 따져 보면서 구하는 방법과 공식에 수를 대입해서 즉석으로 구하는 방법 등……. 여러분들의 입맛대로 택하면 됩니다.

우선 첫 번째 방법, 두 점 (1, 2)와 (2, 5)에서 x의 값이 1에서 2로 1만큼 증가할 때, y의 값은 2에서 5로 3만큼 증가하므로

$$\text{기울기} = \frac{y\text{의 값의 증가량}}{x\text{의 값의 증가량}} = \frac{3}{1} = 3$$

이 되어 이 그래프의 기울기는 3입니다.

이제 공식을 이용하여 대입시켜 푸는 방법입니다.

$$\text{기울기} = \frac{y_2 - y_1}{x_2 - x_1} = \frac{\text{뒤의 } y\text{의 값} - \text{앞의 } y\text{의 값}}{\text{뒤의 } x\text{의 값} - \text{앞의 } x\text{의 값}} = \frac{5 - 2}{2 - 1} = 3$$

어떤 것을 선택하여 기울기를 구하든지 그것은 여러분들의 자유입니다. 하지만 저는 간단한 것을 선호하기 때문에 뒤의 식을

디리클레가 들려주는 함수 1 이야기

많이 이용합니다. 그래서 이를 이용하여 다른 문제 하나를 더 풀어 보도록 하겠습니다.

해야 너는 스승을 따르라.

두 점 (1, −2)과 (3, 2)를 지나는 일차함수 그래프의 기울기는?

공식에 내가 들어가게 자리를 내 놓아라.

$$기울기 = \frac{y_2 - y_1}{x_2 - x_1} = \frac{2 - (-2)}{3 - 1} = \frac{4}{2} = 2$$

일차함수의 그래프의 기울기와 평행

기울기가 같고, y절편이 다른 두 일차함수의 그래프는 서로 평행합니다.

마치 철길처럼 서로 평행한 두 일차함수의 그래프의 기울기는 서로 같습니다. 기울기가 같다는 말은 x의 앞의 계수가 같다는 것이고 기울기와 y절편이 모두 같은 두 일차함수의 그래프는 일치합니다. 마치 나무젓가락을 사용하기 전처럼……,

세 번째
수업 정리

❶ 수의 집합 X와 Y를 각각 정의역과 공역으로 하는 함수 $y=f(x)$에서 y가 x에 관한 일차식 $y=ax+b$ ($a \neq 0$, a, b는 상수)로 나타낼 때, 이 함수를 일차함수라고 합니다.

❷ $y=ax+b$의 그래프는 일차함수, 또는 정비례 함수 $y=ax$의 그래프를 y축의 방향으로 b만큼 평행이동 시킨 직선입니다.

❸ 기울기 $= \dfrac{y \text{의 값의 증가량}}{x \text{의 값의 증가량}} = a$일정

$y=ax+b$. 여기서 a가 나타내는 것이 바로 기울기입니다. 기울어져 있는 것을 하나의 수로 보여줍니다.

일차함수의
그래프 그리기

일차함수의 그래프를 그리는 방법에는 두 점을 이용하는
방법과 x 절편과 y 절편을 이용하는 방법,
기울기와 y 절편을 이용하는 방법의 세 가지가 있습니다.

1. 일차함수를 그리는 여러 가지 방법에 대해 공부합니다.

미리 알면 좋아요

1. **기울기** 일차함수 $y=ax+b$의 그래프에서 x값의 증가량에 대한 y값의 증가량의 비율을 기울기라고 합니다. 수평면에 대한 경사면의 기울어진 정도.

2. x절편 함수의 그래프가 x축과 만나는 점의 x좌표를 x절편이라고 합니다.
   y절편 함수의 그래프가 y축과 만나는 점의 y좌표를 y절편이라고 합니다.
   일차함수의 y절편은 상수항과 같습니다.

디리클레가 네 번째 수업을 시작했다.

오늘 해가 씩씩거리며 나를 찾아왔습니다.

해야, 오늘은 무슨 일이 있어 나를 이렇게 일찍 찾아왔느냐?

"제가 스승님에게 일차함수를 배운 지도 거의 6일이 지났습니다."

그래서 열심히 하고 있지 않느냐?

"어제 친구들과 이야기를 하다가 일차함수가 뭔지 말로 하지 말고 그려 보라고 하길래……."

하하하, 뭔가는 알고 있는데 그릴 수가 없었던 게로구나.

그래서 오늘은 수업 시간 동안 일차함수를 그려 보도록 하겠습니다.

일차함수의 그래프를 그리는 방법에는 싱싱한 세 가지 방법이 있습니다. 첫째는 두 점을 이용하여 그리는 방법, 둘째로는 x절편과 y절편을 이용하여 구하는 법이 있고요. 마지막으로는 기울기와 y절편을 이용하는 방법입니다.

디리클레가 들려주는 함수 1 이야기

우선, 첫 번째 방법을 공부해 보도록 합니다.

두 점을 이용하는 방법입니다. 일차함수를 만족하는 두 점의 좌표를 좌표평면 위에 나타내고 이 두 점을 직선으로 잇습니다. 한 평면 위의 서로 다른 두 점을 지나는 직선은 오직 하나뿐이므로 좌표 위의 구하기 편한 두 점을 잡아 직선으로 이으면 일차함수의 그래프를 그릴 수 있습니다. 왜냐하면 직선이 바로 일차함수이기 때문이지요.

실전으로 들어가 볼까요?

일차함수 $y=-2x+1$을 그리고 싶을 때, 이 일차함수를 지나는 두 점을 알아보아야 합니다. x를 숫자 중에 제법 만만한 1로 잡아서 일차함수 $y=-2x+1$의 x자리에 대입합니다. 계산해 보도록 하지요.

$y=-2\times 1+1$ -2와 x 사이에는 곱하기가 생략되어 있습니다. 조심하세요.

$y=-1$입니다. 이렇게 한 점을 찾아냈습니다. $(1, -1)$입니다. 순서쌍에서 (x의 좌표, y의 좌표)로 나타내는 것은 알고 있어야 합니다. 그다음 점을 하나 더 구해 보도록 합니다. 왜냐면 두 점이 있어야 연결시켜 직선을 구해낼 수 있으니까요.

이제는 x를 2로 잡아 봅니다. 왜 2로 잡느냐고요? 그것은 우리 마음입니다. 어떤 수를 잡아도 상관은 없지만 되도록 간단한 수를 잡아야 y의 값이 간단히 잘 나옵니다. 함수라는 것은 x에 대응된 y의 값이기 때문이지요. 어려운 말로는 x를 독립변수라고 하고 y를 종속변수라고 하는데 x는 우리가 독립해서 잡을 수 있다는 뜻으로 생각하면 되고요. y는 x에 의해 결정되므로 x에 종처럼 딸린 변수로 종속변수라고 합니다. x는 우리 마음대로 잡을 수 있지만 y는 x를 넣어 나온 결과이므로 우리 마음대로 바꿀 수 없습니다.

이제 계산해 보도록 합니다. x를 아까 2로 하겠다고 했지요. 식 $y=-2x+1$의 x 자리에 2를 대입하여 계산합니다.

$y=-2\times2+1=-4+1=-3$으로 y는 -3입니다. 그럼 이번에도 순서쌍으로 표현합니다. $(2, -3)$로 나타내집니다.

그럼 우리가 두 점을 다 찾았지요. $(1, -1)$과 $(2, -3)$으로 말입니다.

좌표평면 위에 구한 두 점을 찍고 자로 그어 봅시다.

디리클레가 들려주는 함수 1 이야기

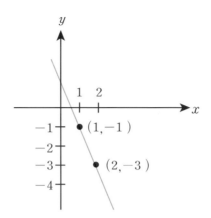

금방 우리가 그은 그 직선이 바로 $y=-2x+1$이라는 일차함수의 그림으로 직선이 됩니다.

만약에 한 점을 지나는 직선을 구하면 무수히 많은 직선을 찾을 수 있지만 두 점을 지나는 직선은 오직 하나이기 때문에 두 점만 알면 됩니다. 하지만 그 두 점은 반드시 그리고자 하는 일차함수 위의 점이어야 합니다. 당연한 소리이지요. 구하는 방법은 위에서 설명했지요? 꼭 알아 두세요.

그리고 두 점을 알고 이 그래프가 오른쪽 위로 향할지 오른쪽 아래로 향할지는 그림을 그리기 전에도 알 수 있습니다. 점을 이용하기 때문에 사람들은 저를 보고 점쟁이라고 생각할 수도 있겠지만 앞에서 이야기했듯이 기울기를 구하는 공식으로 알아낸 것이지, 점쟁이처럼 점을 이용하는 그런 미신은 아닙니다. 크하하.

$(1, -1)$과 $(2, -3)$을 이용하여 그림을 그리기 전에 기울기를 바로 알 수 있는 방법이 있지요. 기울기는 $\dfrac{-3-(-1)}{2-1}=-2$로 음수가 나왔으니 당연히 아래로 향하는 직선입니다. 이때 해가

"선생님 x의 계수 -2와 같잖아요."

라고 말합니다. 맞습니다. 기울기와 x의 계수는 같으니까요.

그럼 기울기가 양수이면 오른쪽 위로 향하는 직선이 된다는 사

실도 알겠지요?

다음의 일차함수 중에서 오른쪽 위로 향하는 녀석과 오른쪽 아래로 향하는 녀석들을 찾아볼까요? 이놈들 숨어도 소용없어. 꼭꼭 숨어라 x의 계수 보인다.

① $y=x+3$ ② $y=-2x+4$ ③ $y=\dfrac{4}{3}x-2$ ④ $y=-\dfrac{1}{2}x-3$

①번과 ③은 x의 계수가 양수이므로 오른쪽 위로 향하는 녀석들이고 ②번과 ④번은 x의 계수가 음수이므로 오른쪽 아래로 향하는 녀석들입니다. 아시겠지요? 구별하세요.

이제 두 번째 방법입니다. x절편과 y절편을 이용하는 방법입니다. x절편과 y절편을 구하여 이 두 점을 직선으로 잇습니다. x절편과 y절편을 이용하여 그래프를 그리는 것은 두 점 (x절편, 0), (0, y절편)을 지나는 직선을 그리는 것과 같습니다. x절편과 y절편에 대해 다시 알아두어야겠습니다.

x절편은 일차함수 $y=ax+b$의 그래프가 x축과 만나는 점의 x좌표입니다. $y=0$일 때의 x의 값, 즉 $-\dfrac{b}{a}$가 x절편입니다.

y절편은 일차함수 $y=ax+b$의 그래프가 y축과 만나는 점의 y좌표입니다. $x=0$일 때의 y의 값, 즉 b가 y절편입니다.

그럼 이제 절편을 찾아보는 연습이 필요합니다.

일차함수 $y=2x+3$에서 x절편과 y절편을 구해 봅시다.

x절편을 구하려면 y에 0을 대입해야 합니다. x절편이란 x축과 만나는 점이므로 y의 값이 0이 되기 때문입니다. 말로만 설명하니까 좀 어렵지요? 아래의 그림을 좀 봅시다.

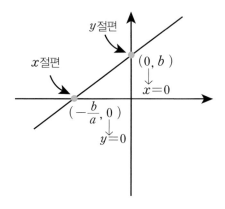

x축 위의 점에는 언제나 y의 값은 없습니다. 붕어빵에 붕어가 없는 것처럼.

그래서 $y=2x+3$에서 x절편을 구해 봅니다. $y=0$을 식에 대입하면 $0=2x+3$이 되고 이것을 계산하면 $-2x=3$, $x=-\dfrac{3}{2}$입니다. 앞에서 배운 공식을 이용하여 $x=-\dfrac{b}{a}$에 대입하여 구해도 상관없습니다. 단, 이런 경우에 거의 공식을 사용하지 않고

디리클레가 들려주는 함수 1 이야기

직접 구해냅니다.

다음은 y절편입니다. x절편의 경우와는 반대의 상황입니다. y절편은 y축 위의 점이므로 x의 값이 없습니다. 없다는 말은 0이 된다는 소리를 내가 재밌게 하는 말입니다. 그래서 y절편을 구할 때는 x에 0을 대입합니다.

$y=2x+3$의 식의 x자리에 0을 대입하면 $y=3$이 됩니다. 보통 일차함수 꼴로 식이 정리되어 있으면 상수항이 바로 y절편입니다. 계산을 안 해도 되지요. y절편은 공식을 이용하여 바로 생각하는 것이 유리합니다.

유의 할 점은 함수꼴로 정리가 되어 있을 때 만입니다. 함수꼴이란 $y=$(식), 이런 모양을 말합니다. 만약 꼴이 아닌 상황에서는 x에 0을 대입하여 y절편을 찾으면 얼마 도망 못 가고 잡힙니다.

이제 절편을 이용한 일차함수 그리기를 해야겠습니다.

일차함수 $y=\dfrac{2}{3}x-2$의 그래프를 x절편과 y절편을 이용하여 그려 보겠습니다. x축 및 y축과 만나는 점의 좌표를 구한다고 보시면 됩니다. 풀어 봅니다.

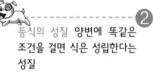

등식의 성질 양변에 똑같은 조건을 걸면 식은 성립한다는 성질

$y=\dfrac{2}{3}x-2$에서 $y=0$일 때, $x=3$이므로 x절편은 3입니다. 이 말에 해가 멍하니 쳐다봅니다.

그래서 설명을 좀 더 자세히 해 주겠습니다.

$y=0$이니까 $0=\dfrac{2}{3}x-2$,

이항하여 $-\dfrac{2}{3}x=-2$이므로 등식의 성질❷로 양변에 $-$를 동시에 없앨 수 있습니다. 따라서 $\dfrac{2}{3}x=2$이 되며 x가 절편이기 때문에 x만 구하기 위해 다시 등식의 성질을 한 번 더 이용합니다.

왼쪽의 $\dfrac{2}{3}$를 없애기 위해서는 $\dfrac{3}{2}$이 양변을 습격하면 됩니다.

$$\frac{3}{2} \times \frac{2}{3} \times x = \frac{3}{2} \times 2$$

좌변은 약분이 되어 x만 남고요. 우변은 분모의 2와 옆 수 2가 동시에 폭발하면서 3만 살아남아요. 그래서 $x=3$이 된 겁니다.

이제 y절편을 찾아보도록 합니다. 식의 x에 0을 쏘옥 넣어 보겠습니다. $y=\frac{2}{3} \times 0 - 2$가 됩니다. 0은 곱하기를 하면 물귀신이 됩니다. 같이 0으로 만들어 버리니까요.

그래서 $y=-2$이므로 y절편은 -2입니다.

따라서 일차함수 $y=\frac{2}{3}x-2$의 그래프는 두 점

$$(3, 0), (0, -2)$$

를 지나는 직선이므로 다음과 같은 그림을 그려 벽에 붙여 놓을 수도 있습니다.

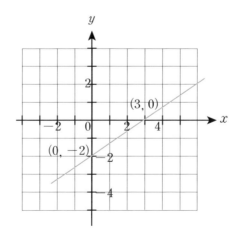

이제는 세 번째 방법입니다. 기울기와 y절편을 이용하여 일차함수의 그래프를 그리는 방법입니다.

이 방법이 좀 재미나요. 기울기 구하려고 가다가 낭떠러지에 떨어지기도 하고 또 가다가 마치 수퍼 마리오처럼 점프하기도 합니다.

말이 뭐가 필요합니까? 직접 해 봅시다.

일차함수 $y = -\dfrac{4}{3}x + 2$의 그래프의 기울기는 $-\dfrac{4}{3}$이고, y절편은 2입니다. 이것을 이용합니다. 이용한다고 해서 나쁜 용도로 이용하는 것은 아닙니다. 일차함수 $y = -\dfrac{4}{3}x + 2$의 그래프를 다음과 같이 그릴 수 있습니다.

우선 출발은 y절편에서 시작해야 합니다. y절편이 상대적으로 구하기 쉽습니다. 상수항이 바로 y절편이 되니까요.

하지만 설익은 y절편으로 바로 시작할 수는 없습니다. y절편을 좌표로 고쳐야 합니다. 그래야 점을 찾을 수 있으니까요.

여기서는 y절편이 2이므로 점의 좌표로 나타내면 $(0, 2)$입니다. y절편의 좌표에서 x의 값이 0이 되는 것은 앞에서 말했습니다. 해는 안 배웠다고 우깁니다. 그렇습니다. 자기가 기억이 안 나면 보통 안 배웠다고 말합니다. 슬픕니다.

디리클레가 들려주는 함수 1 이야기

슬픔을 뒤로 하고 설명을 계속합니다. 기울기가 $-\dfrac{4}{3}$이므로 이 그래프는 x의 값이 3만큼 증가할 때, y의 값은 -4만큼 증가 합니다. 그런데 여기서 -4만큼 증가한다는 뜻이 애매합니다.

$-$마이너스는 줄어든다는 감소의 의미이니까요. 그래서 이 표현 을 4만큼 감소한다고 생각하면 됩니다. 하지만 -4만큼 증가한 다는 말이 틀린 표현은 아닙니다. 실제 학교 교과서에서 쓰이는 말이니까요. 하지만 우리는 그 의미는 바로 알고 있어야 합니다.

따라서 이 그래프는 점 $(0, 2)$에서 x축으로 3만큼, y축으로 -4 만큼 증가한 점 $(3, -2)$를 지납니다. 이건 교과서에서 쓰는 표현 이고 우리는 y축으로 4만큼 감소한다고 생각하면 됩니다. 지난 다는 말도 그 점에다 대고 선을 긋는다고 보면 되고요.

그래서 이 일차함수의 그래프는 아래와 같이 그릴 수 있습니다.

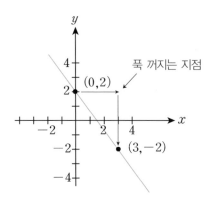

위 그림은 그래프가 가다가 아래로 푹 꺼지는 그림입니다. 누가 음침하게 함정을 팠습니다. '음침하게'라는 말에서 기울기가 음수라는 것을 눈치 채야 합니다. 즉 일차함수의 기울기가 음수이면 함수의 그림은 오른쪽 아래로 내려가는 그림이 됩니다.

그럼 이제 아까 말한 수퍼 마리오처럼 폴짝 뛰는 그래프를 알아보겠습니다.

$y = \dfrac{2}{3}x - 2$의 일차함수에서 우리는 수퍼 마리오를 볼 수 있을 것입니다. 찾는 방법은 함정이 생기는 일차함수와 동일합니다.

우선 출발은 y절편에서 시작합니다. y절편을 좌표로 고쳐야지요. -2를 $(0, -2)$로 고쳤습니다. 이 점에서 출발할 것입니다. 에너지를 충분히 충전했습니까? 우리는 일정한 시기에 일정한 위치에서 폴짝 뛸 것입니다.

띠리띠리 띠디……. $(0, -2)$에서 출발합니다. 뭘 보고 출발을 할까요? 우리가 떠날 목표 기준은 기울기이며 여기서는 $\frac{2}{3}$입니다. 분모 3이 x의 증가량이니까 x축으로 3만큼 증가하고 분자 2가 y축의 증가량이므로 y축으로 2만큼 증가시킨 그림이 됩니다.

그림을 보면서 수퍼 마리오가 어디서 뛰는지 알아보세요.

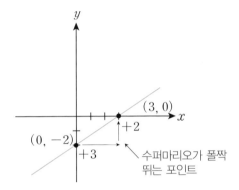

수퍼 마리오가 폴짝 뛴 지점은 보시는 대로 $(3, -2)$인 지점입니다. 삼각형으로 만들어 보면 직각이 생기는 지점이지요. 기울기와 삼각형은 제법 연관이 있는 편입니다.

그래서 하는 말인데, 일차함수의 그래프의 성질에 대해 좀 더 알아봐야겠습니다.

일차함수 $y = ax + b$의 그래프에서 a가 양수라면, 즉 기울기가

양수라면 그래프는 오른쪽 위로 향하는 직선이 됩니다. 그리고 a
가 음수라면 오른쪽 아래로 향하는 직선이 되고요. 그림으로 확
실하게 확인합니다.

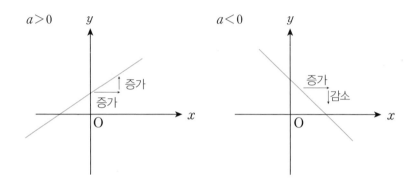

위처럼 일차함수의 y절편을 좌표평면 위에 나타낸 후 기울기
를 이용하여 다른 한 점을 찾아 직선으로 이으면 일차함수의 그
래프를 그릴 수 있습니다.

그리고 일차함수에서 탐정소설, 추리, 모험, 서스펜스 같은 문
제가 있어 소개합니다. 어제 범인이 다음과 같은 일차함수 $y=$
$-ax+b$라는 그림을 벽에 그려놓고 달아났습니다.

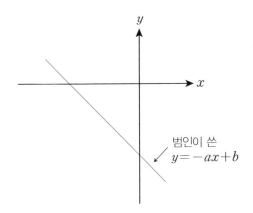

범인이 쓴
$y = -ax + b$

명탐정 고난힘든 '고난' 할 때 그 고난임과 나와 해는 경찰이 잡아온 4명의 용의자를 보고 있습니다.

①번 용의자 $a > 0, b < 0$ ②번 용의자 $a < 0, b < 0$

③번 용의자 $a > 0, b > 0$ ④번 용의자 $a < 0, b > 0$

위 용의자의 이야기를 들어 보니 다 각자 알리바이를 주장하고 있습니다. 이때 명탐정 고난이 ③번째 용의자에게 묻습니다.

"당신은 어제 b를 데리고 y축의 양수 지역에 있었다고 했습니다. 그래서 $b > 0$는 양수라고 주장했지요."

용의자 ③이 그렇다고 하자 명탐정 고난은 ③번 용의자를 집으로 돌려보냅니다. 그러자 ④번 용의자도 덩달아 집으로 갑니다. 왜냐면 ④번 용의자도 y축에서 만나는 점 b가 $b > 0$로 양수거든요.

점점 수사망은 좁혀져 옵니다.

"범인은 ①입니다."

다음은 명탐정 고난이 ①번 용의자를 범인이라고 말한 이유입니다.

1. 범인이 그려 놓은 그림의 오른쪽 끝이 아래로 향하고 있습니다. 그것은 기울기가 음수라는 뜻이지요.

2. 하지만 범인은 교묘하게 우리를 따돌리기 위해 함정을 파 놓았습니다. 그래서 수사에 혼선을 빚게 된 것입니다.

3. 그림으로 판단할 때에는 기울기가 음수가 됩니다. 하지만 범인은 $y = -ax + b$라고 써 놓았습니다. a에 수사의 혼선을 빚게 하려고 −마이너스를 살짝 묻혀 두었던 치밀함, 정말 범인은 지능범입니다. $-a$가 이 일차함수의 기울기이므로 그림에서 오른쪽 아래로 내려가 있으니 기울기가 음수라서 $-a$는 0보다 작습니다. 따라서 $-a < 0$이 됩니다. 수학은 문자 앞에 −마이너스가 오는 것을 싫어합니다. 그 헷갈리는 곳에 함정을 파 놓은 게 범인입니다.

우리가 알기 쉽게 $-a < 0$인 식에서 양변에 −마이너스를 다시 곱하여 a에 관한 부등식으로 바꾸어 줍니다. 여기서 얄궂게도 −마이너스를 곱하면 부등호의 방향이 바뀐다는 사실을 알아 둡시다.

$$(-1) \times (-a) > (-1) \times 0$$

그래서 답은 a. 이를 양수식으로 나타내면 $a > 0$입니다.

범인은 $a > 0$와 $b < 0$인 ①번 용의자입니다. 범인, 끌려가면서 언젠가는 반드시 복수하고 말겠다며 고난에게 험한 말을 하다가 경찰에게 꿀밤 한 대 맞고 조용해집니다.

그래서 조용한 가운데 이번 수업 마칩니다.

❶ x절편은 일차함수의 그래프가 x축과 만나는 점의 x좌표입니다. $y=0$일 때의 x의 값, 즉 $-\dfrac{b}{a}$가 x절편입니다.

y절편은 일차함수의 그래프가 y축과 만나는 점의 y좌표입니다. $x=0$일 때의 y의 값, 즉 b가 y절편입니다.

❷ 일차함수의 y절편을 좌표평면 위에 나타낸 후 기울기를 이용하여 다른 한 점을 찾아 직선으로 이으면 일차함수의 그래프를 그릴 수 있습니다.

5교시

일차함수의
식 세우기

기울기와 한 점을 알면 일차함수의 식을
구할 수 있습니다.

1. 기울기와 y절편을 알 때 일차함수의 식을 세워 봅니다.
2. 일차함수와 일차방정식을 비교해 봅니다.

미리 알면 좋아요

1. 기울기 $=\dfrac{y \text{의 값의 증가량}}{x \text{의 값의 증가량}}$

2. 한 점을 지나는 직선은 무수히 많지만 기울기가 주어지면 직선이 하나로 정해지므로 기울기와 한 점을 알면 이 직선을 그래프로 하는 일차함수의 식을 구할 수 있습니다.

3. 두 점을 지나는 직선을 그래프로 하는 일차함수의 식을 구할 때는 먼저 두 점을 이용하여 기울기를 구한 다음 기울기와 한 점이 주어질 때의 일차함수의 식을 구합니다.

디리클레가 다섯 번째 수업을 시작했다.

이제부터 해를 데리고 일차함수의 식을 만들어 보겠습니다. 식
을 세운다는 것이 바로 일차함수를 만드는 것입니다. 앞에서 배
웠듯이 기울기와 y절편을 알고 있으면 일차함수를 만들 수 있습
니다. 해가 나를 위해 일차함수를 만드는 데 도움을 줄 것입니다.

"해야, 준비됐나?"

"준비됐어요."

"그럼, 기울기와 y절편을 던져라!"

먼저 해가 기울기 -5를 던집니다. 연이어 y절편 1을 다시 던집니다. 해랑 같이 있어서 그런지 저도 무술인이 된 느낌입니다. 호이얏―――

-5와 1을 잡아서 -5는 x앞에 착 갖다 붙이고 y절편은 맨 뒤 빈 공간에 착 갖다 붙입니다.

완성! 갓 만들어낸 일차함수입니다.

$y=-5x+1$

잠시, 잠시 만지지 마세요. 갓 구운 일차함수라 손이 데일지 몰라요.

내가 이렇게 여러분들에게 설명하고 있는 도중에 건방진 해가 또 다른 기울기 $-\dfrac{1}{4}$과 y절편 3을 던져 댑니다. 나는 공중곡예를 3바퀴 돌고 나서 해가 던진 기울기와 y절편을 가지고 일차함수를 다음과 같이 만들어 냈습니다.

$y=-\dfrac{1}{4}x+3$

으하하 여러분도 해 보세요. 별로 힘들이지 않고 일차함수 식을 구할 수 있습니다. 다시 호흡을 가다듬고 기울기에 대해 이야기합니다.

기울기는 $\dfrac{y \text{의 증가량}}{x \text{의 증가량}}$ 입니다. 이것을 $\dfrac{y \text{의 이동량}}{x \text{의 이동량}}$ 이라고 말하기도 합니다. 이 차이는 왼쪽 엉덩이나 왼쪽 히프라는 차이입니다. 뭔 소리냐고요? 같은 뜻이라는 이야기지요.

y절편은 y축과 만나는 점의 y좌표인거 다 알죠. 하하 여러분도 해처럼 돌아서면 까먹습니까? 괜찮아요. 다들 그러니까요. 여러분, 그래서 익혀야 하는 겁니다. 반복이 중요하지요. 사람도 여러 번 만나야 정이 들듯이 말입니다. 수학도 자주 보고 자주 문제를 풀어야 실력이 늡니다.

이제 두 번째 코스로 기울기와 한 점을 알 때, 일차함수를 구해 보겠습니다. 기울기는 알겠는데 한 점이 등장해서 약간 당황스럽다고요? 걱정 마세요. 해도 공부하는데요. 뭐.

한 점이 일차함수를 만들 수 있는 급소라고 생각하세요. 급소 공격은 푹 찔러 대는 게 맛이지요. 그렇습니다. 한 점의 급소를 잘 찌르려면 그 점을 좌표로 고쳐서 표적을 정확히 나타내야 합니다. 이쯤 설명이 들어갔으면 이제 문제를 풀면서 확실히 알아보도록 합니다.

그래프의 기울기가 $\frac{3}{4}$이고, 한 점 $(-4, -2)$를 지나는 일차함수의 식을 구해봅니다. 기울기 $\frac{3}{4}$은 포장이 다 되어 있으므로 바로 $y=ax+b$라는 일차함수 식의 x계수에서 a를 떼어 내고 기울기를 붙여 버립니다. $y=\frac{3}{4}x+b$.

이제 여기서 비밀스러운 b의 정체를 알아내야 하는데 어떡할까요? 그렇습니다. 급소 공격이 있지요. 우리가 공격할 좌표, 표적은 $(-4, -2)$입니다. 근데 혹시 좌표를 읽을 줄 모르는 것은 아니겠지요? 해가 멈칫하는 것을 보니 모르는가 봅니다.

설명합니다. 좌표와 순서쌍은 같은 용도입니다. 그래서 사용설명서는 같습니다. 앞의 값 -4가 x의 좌표, 즉 x를 나타내고 뒤의 값 −2가 y의 좌표, y입니다. 그래서 그 각각의 좌표 값을 기울기까지 구해 낸 식에 대입합니다. 대입이 바로 급소공격이지요. 쿡쿡 두 군데를 찔러 댑니다.

자, 급소 찌르기를 봅니다. $x=−4$, $y=−2$를 식 $y=\dfrac{3}{4}x+b$에 대입시키면

$$-2=\dfrac{3}{4}\times(-4)+b, \ b=1$$입니다.

그래서 b의 정체를 찾아내면 일차함수의 정체가 백일하에 드러납니다.

$$y=\dfrac{3}{4}x+1.$$

이 녀석은 또 이런 식으로 살짝 모습을 바꾸어 우리에게 등장하기도 합니다. 문제입니다.

문제1

점 $(1, 2)$를 지나고 일차함수 $y=−3x+2$의 그래프에 평행한 직선을 그래프로 하는 일차함수의 식을 구하시오.

구하는 일차함수의 그래프가 $y=−3x+2$의 그래프에 평행하므로 기울기는 −3입니다. 이 일차함수의 식을 $y=−3x+b$로 나타낼 수 있습니다. 이 일차함수의 그래프는 점 $(1, 2)$를 지나므

로 $x=1$, $y=2$를 대입해야 합니다.

$2=-3\times1+b$로 되면서 계산을 해 보면 $b=5$입니다.

따라서 구하는 일차함수의 식은 $y=-3x+5$입니다.

여기서 알아야 할 사실은 두 일차함수의 그래프가 평행하면 기울기가 서로 같다는 것입니다. 앞으로 나란히 한 상태라고 보시면 됩니다.

이제 세 번째입니다. 두 점을 알면 일차함수를 만들 수 있습니다. 직선이 지나는 두 점의 좌표를 알면 직선의 방정식을 구할 수 있습니다. 두 점 $(-2, 1)$, $(3, 11)$을 지나는 일차함수를 구해 보겠습니다.

점 $(-2, 1)$에서 점 $(3, 11)$까지 x의 값이 5만큼 증가하면 y의 값은 10만큼 증가하므로 이 직선의 기울기는 $\frac{10}{5}=2$입니다. 기울기가 2이고 점 $(-2, 1)$을 지나는 일차함수를 $y=2x+b$라 놓고 $x=-2$, $y=1$을 대입하면

$$1=2\times(-2)+b \text{ 이므로 } b=5\text{입니다.}$$

따라서 구하는 일차함수의 식은

$$y=2x+5\text{입니다.}$$

그림은 옆 페이지와 같습니다.

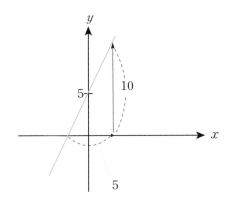

위 문제를 기울기를 구할 때 쓰는 $\dfrac{y_2-y_1}{x_2-x_1}$ 을 사용해서 풀어 보도록 하겠습니다.

$(x_1,\ y_1)=(-2,\ 1)$과 $(x_2,\ y_2)=(3,\ 11)$을 가지고 먼저 공식에 대입하여 기울기를 구해 봅니다.

$\dfrac{y_2-y_1}{x_2-x_1}=\dfrac{11-1}{3-(-2)}=\dfrac{10}{5}=2$. 이렇게 공식에 대입하여 기울기의 값이 나왔습니다. 식으로 직접 구하는 것이 말로써 표현하여 구할 때 보다는 좀 간편합니다.

그 다음은 위의 풀이와 똑같습니다.

완전히 다른 풀이 방법도 있습니다. 이 방법은 연립방정식의 풀이를 이용하여 푸는 방법입니다.

$y=ax+b$에 $(-2,\ 1)$을 먼저 대입합니다.

그러면 $1 = -2a + b$라는 식이 생깁니다.

그다음 (3, 11)을 같은 식에 대입합니다.

그러면 $11 = 3a + b$라는 식이 또 생깁니다. 여기서 생각을 좀 해 봅니다. 모르는 미지수 a, b가 두 개 있고 식이 2개 생기면 이 연립방정식의 해를 구할 수 있습니다.

해라는 말에 해가 깜짝 놀라 쳐다봅니다. 그래서 나는 여기서 말하는 해는 네가 아니라 미지수 a, b의 값이라고 말합니다. 알지도 못하면서 까불고 있어.

그러나 연립방정식을 이용해 푸는 것은 이 시간에 배우지 않겠습니다. 다음 시간에 자세히 설명해 줄 테니까요. 궁금하더라도 꾹 참고 다음 시간을 기다리세요.

이제 일차함수를 구하는 기본형은 모두 마치려……. 아, 저기 멀리서 한 친구가 헐레벌떡 뛰어 옵니다. 절편의 값들이 주어졌을 때 일차함수의 식을 만드는 방법입니다. 야, 오래간만입니다. 그를 소개합니다.

x절편이 2, y절편이 4인 일차함수를 구하여라.

절편을 좌표로 고쳐 보면 두 점 (2, 0), (0, 4)를 지나므로 직선의 기울기는

$$\frac{4-0}{0-2} = \frac{4}{-2} = -2$$

가 됩니다. 기울기를 구했으면 거의 다 된 것입니다.

y절편이 4라고 나왔으니 이제 붙이기만 하면 됩니다. 튼튼한 풀만 있으면 됩니다. x 앞에 기울기 -2를 붙이고 뒤의 상수항 자리에 4를 붙입니다.

따라서 구하고자 하는 일차함수는 $y = -2x + 4$입니다. 반갑습니다.

이제까지 기울기가 비스듬한 일차함수만 구해 왔습니다. 일차함수는 직선을 나타내지요. 그래서 지금부터는 또 다른 직선들을 소개합니다. 가로로 나란한 직선과 세로로 탁 세워진 직선을 구해 봅니다. 해야, 봉술 준비해라.

봉술의 첫 번째 기술. 봉을 세로로 세우기

일명 $x = a$의 그래프, 이 그래프는 점 $(a, 0)$을 지나고, y축에 평행한 직선입니다.

두 번째 기술. 봉을 가로로 뉘이기

$y=b$의 그래프, 이 그래프는 점 $(0, b)$를 지나고 x축에 평행한 직선입니다.

해의 봉술을 통해 다음 직선을 나타내 보이겠습니다.

$3x-2=0$을 좌표평면에 나타내 보이려면 일단 손질을 좀 해야 합니다. 이항과 등식의 성질이라는 기술을 좀 사용합니다. 이것은 미리 연마가 되어 있어야 합니다.

$3x=2$, 얍, 이항기술 적용!

두 번째 x의 앞에 3을 없애기 위해 양변에 나누기 3을 똑같이 적용 호이얏~! $\frac{3x}{3}=\frac{2}{3}$, $x=\frac{2}{3}$입니다. 이 그래프의 특성을 잠시 살펴봅니다. 점 $(\frac{2}{3}, 0)$을 지나고, y축에 평행한 직선이 됩니다. 해야 좌표평면에 너의 봉술을 나타내 보렴.

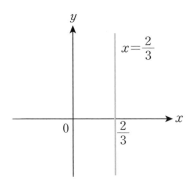

y축에 평행한 그래프는 결국 봉이 세워진 상태네요. 그럼 이번에는 봉을 가로로 만드는 기술을 보여주겠습니다. 이 동작은 방어 동작의 봉술이 되겠습니다.

$2y+6=0$으로 시작합니다. 이 식 역시 잡기술인 이항과 등식의 성질이 필요합니다.

$2y=-6$,

$\dfrac{2y}{2}=\dfrac{-6}{2}$,

$y=-3$입니다. 이 그래프에 대해 잠시 설명을 하면 점$(0, -3)$을 지나고, x축에 평행한 직선이 됩니다. 해야, 봉술 준비해라.

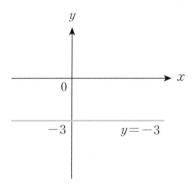

"해야, 이제 봉을 거두어라. 너에게 해 줄 말이 있다"

일차방정식과 일차함수에 대한 이야기를 해에게 좀 해 줍니다.

미지수가 2개인 일차방정식의 해를 좌표평면 위에 점으로 나타내면 직선이 되므로 이 일차방정식을 직선의 방정식이라고 합니다. 또, 일차함수의 그래프도 직선이 됩니다. 따라서 일차방정식의 그래프와 일차함수의 그래프는 같은 직선입니다.

나는 해에게 다음과 같은 팁으로 일차방정식의 경험치를 소개합니다.

$ax+by+c=0$에서

기울기는 $-\dfrac{a}{b}$, x절편은 $-\dfrac{c}{a}$, y절편은 $-\dfrac{c}{b}$입니다. 비법이라고 하기에는 좀 부끄럽습니다. 이게 외우기 싫은 분은 직접 구해 보면 됩니다. 구하는 방법은 일차함수 꼴로 고쳐서 찾아내면 됩니다. 무엇을 사용하건 그건 우리 학생들의 선택입니다. 미래의 여러분들의 손에…….

그리고 아까 봉을 세워 두거나 눕혀 놓는 그림에서 말입니다. x축에 수직은 'y축에 평행하다'와 같은 뜻이고 y축에 수직은 'x축에 평행하다'와 같은 뜻입니다. 누가 누구편인지 잘 알고 있어야 합니다. 열심히 싸우다가 상대편 속에 들어가 있으면 정말 곤란하니까요.

이제 우리가 하나 짚고 넘어가야 할 것이 있습니다. 앞에서도 살짝 이야기를 한 일차함수와 일차방정식의 관계입니다. 도대체 이들은 어떤 관계일까요? 혹시 연인관계? 아님 형제지간? 그게 아니라면 부모님의 원수? 하하 여하튼 한 번 살펴봅시다.

일차방정식 $ax+by+c=0(a\neq0,\ b\neq0)$의 그래프는 일차함수 $y=-\dfrac{a}{b}x-\dfrac{c}{b}(a\neq0,\ b\neq0)$의 그래프와 같습니다. 두 그래프가 같아진다고요? 점점 그들의 관계가 궁금해집니다.

일단 계수가 문자를 수로 바꾸어 생각해 보도록 합시다.

일차방정식 $2x-y-4=0$에서 x의 값에 대응하는 y의 값을 구하고 순서쌍 $(x,\ y)$를 좌표로 하는 점을 좌표평면 위에 나타내면 다음 그림과 같습니다.

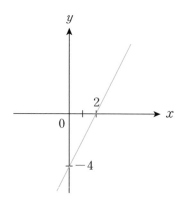

그림의 직선 위의 모든 점이 일차방정식 $2x-y-4=0$의 해가 됩니다. 해! 너 말고

그런데 이 그래프는 y절편이 -4이고 기울기가 2인 그래프이므로 $2x-y-4=0$을 y에 관하여 풀면 $y=2x-4$가 됩니다. 그래서 일차방정식의 해를 나타내는 그래프를 그릴 때에는 먼저 y에 관하여 정리한 다음 일차함수의 그래프로 그려내면 쉽습니다.

이 말을 다시 정리하면 일차방정식의 그래프를 일차함수의 그래프의 성질을 이용하여 그릴 수 있다는 말입니다.

이번 수업 마치며 한마디 잔소리를 더 합니다.

좌표축에 평행한 직선의 방정식 $x=a$는 함수가 아닙니다. $x=a$를 배웠는지 기억이 안 난다고요. 그럼 넘어갑시다.

다섯 번째
수업 정리

1 기울기와 y절편이 주어진 직선이 어떤 일차함수의 그래프의 관계식인지 알아보았습니다.

2 기울기와 직선 위의 한 점의 좌표를 이용하여 주어진 직선이 어떤 일차함수의 그래프의 관계식인지 알 수 있습니다.

일차함수 활용하기

일차방정식을 활용하면
일차함수를 만들 수 있습니다.

여섯 번째 학습 목표

1. 연립방정식의 해와 그래프에 대하여 알아봅니다.
2. 연립방정식의 해의 개수에 대하여 알아봅니다.
3. 일차함수의 활용 문제에 대하여 알아봅니다.

미리 알면 좋아요

1. 두 방정식의 그래프의 교점의 좌표는 연립방정식의 해와 같으므로 교점의 개수는 해의 개수와 같습니다.

2. 활용 문제를 일차함수를 이용하여 풀 때는 정의역에 주의하도록 합니다.

디리클레가 여섯 번째 수업을 시작했다.

이번 수업에서는 이제까지 배운 일차함수를 활용하려고 합니다. 하지만 본격적인 활용에 앞서서 해와 나는 봉, 즉 일차함수를 가지고 몸도 풀 겸해서 봉술 겨루기를 할 것입니다.

"해야, 우리가 이제부터 봉술 겨루기를 할 것이다. 하지만 봉술에 앞서 봉에 대한 이야기를 좀 하도록 한다."

봉은 직선입니다. 직선을 나타내는 것으로는 일차함수와 일차방정식이 있습니다. 그래서 이 둘의 관계를 한 번 짚고 '휘익' 하고 넘어가겠습니다.

일차방정식 $ax+by+c=0(a \neq 0, b \neq 0)$의 그래프에 대해 알아봅니다. 미지수가 2개인 일차방정식 $ax+by+c=0(a \neq 0, b \neq 0)$의 그래프는 일차함수 $y=-\dfrac{a}{b}x-\dfrac{c}{b}(a \neq 0, b \neq 0)$의 그래프와 같습니다.

해는 여러 개의 문자가 동시에 나오자 마치 싫어하는 음식을 본 것인 양 인상을 찡그립니다. 그래서 나는 계수의 문자를 다 수로 바꿔 다시 설명하겠습니다. 해야 미안하구나. 너의 심정을 못 헤아린 스승에게 아낌없는 박수를.

미지수가 2개인 일차방정식 $x+y-5=0$의 해는 무수히 많고 이들 해를 좌표평면 위에 나타내면 다음 그림과 같습니다.

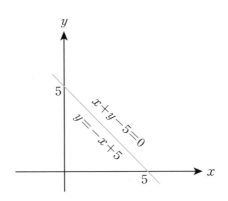

그림을 자세히, 동공에 힘을 주고 보니 직선의 기울기가 -1, y절편이 5이므로 일차함수 $y=-x+5$의 그래프입니다. 이 말은 해가 알려주었습니다. 그래서 일차방정식 $x+y-5=0$의 그래프는 일차함수 $y=-x+5$의 그래프와 서로 같습니다.

이번에는 여러분들을 위해 일차방정식 $x+3y-9=0$을 y에 관하여 풀라고 문제를 줄게요. 어, 어디 가세요. 이것을 풀라니까요. 금방 이 책을 읽던 한 친구가 책을 덮고 가 버렸습니다. 그래서 내가 이것을 직접 풀이하기로 합니다.

y에 관하여 풀면

$x+3y-9=0$,

$3y=-x+9$. y항만 남겨두고 이항했습니다. 이항할 때 부호가 바뀐다는 것을 조심하세요.

좌변에 y만 남겨두기 위해 y 앞에 붙어 있는 3을 우변의 두 군데 $-x$와 9에 골고루 잘 섞이게 나누어 줍니다.

완성작, $y=-\dfrac{1}{3}x+3$으로 일차함수가 됩니다. 나는 일차방정식이 일차함수로 바꾸는 것을 볼 때마다 미운오리새끼라는 동화가 떠오릅니다. 일차방정식은 말 그대로 미운오리입니다. 왜냐면 방정맞게 이름도 일차방정식이잖아요. 그러다가 온갖 고난을 겪고 이항, 등식의 성질을 통해 변신하여 일차함수가 됩니다. 함수라는 말이 방정식이라는 말보다 어쩐지 고상하게 들립니다.

하지만 미운오리새끼가 바로 백조입니다. 둘은 다른 것이 아닙니다. 그래서 일차방정식과 함수의 형태를 비교하겠습니다. 해와 봉술은 언제 하냐고요, 이 설명 끝나고 바로 합니다.

일차방정식과 일차함수의 비교는 두 직선의 위치 관계를 비교하는 것입니다. 각각 두 개의 식을 가지고 설명합니다.

우선, 방정식의 형태입니다.

$ax+by=c$, $a'x+b'y=c'$에서 $\dfrac{a}{a'} \neq \dfrac{b}{b'}$이면 두 직선의 기울기가 다르며 한 점에서 만납니다. 교점이 1개라는 소리입니다.

이것을 함수의 형태에서 알아보면 $y=mx+n$, $y=m'x+n'$에서 $m \neq m'$으로 간단히 표현됩니다. 미운오리새끼 때와는 달리 우아하게 한 방에 표현됩니다.

다시 미운오리새끼로 돌아왔습니다. $ax+by=c$, $a'x+b'y=c'$에서 두 직선의 기울기는 같고 y의 절편이 다른 경우, 즉 평행한 경우의 표현은 $\dfrac{a}{a'} = \dfrac{b}{b'} \neq \dfrac{c}{c'}$ 입니다. 두 직선이 평행할 때는 두 직선이 평생을 가도 만나지 않으므로 교점은 없습니다. 즉 해가 없다는 소리죠.

백조의 경우를 비교해 볼까요? $y=mx+n$, $y=m'x+n'$에서 $m=m'$, $n\neq n'$으로 나타내면 우아하게 끝입니다.

이제 두 직선의 기울기와 y절편이 각각 같은 경우, 즉 두 직선이 일치하는 경우입니다. 이런 경우 '교점이 무수히 많다' 또는 '해가 무수히 많다'고 합니다. 해가 무수히 많다는 말에 해는 자신은 아직 변신술을 배우지 않았다고 엉뚱한 소리를 합니다. 여기서 말하는 해는 그런 해가 아닙니다. 교점의 좌표를 해라고 합니다.

미운오리새끼 형태 방정식 $ax+by=c$, $a'x+b'y=c'$에서 일치할 때의 표현은 $\dfrac{a}{a'}=\dfrac{b}{b'}=\dfrac{c}{c'}$ 입니다. 이제 백조로 넘어가서 형태를 알아봅시다.

$y=mx+n$, $y=m'x+n'$에서 $m=m'$, $n=n'$으로 분수가 등장하지 않는 얼마나 우아한 표현입니까? 미운오리랑은 격이 다릅니다. 하하, 그렇지만 너무 미워 마세요. 미운오리랑 백조는 동일한 것이니까요. 자, 이제 해와 제가 위의 내용, 일차함수와 일차방정식의 관계를 세 가지로 나타내는 것을 봉술을 통해 보여 주겠습니다.

일차방정식과 일차함수는 그래프로 나타낼 수 있으므로 그래프라는 말로 바꾸어 설명하겠습니다. 두 방정식의 그래프가 한 점에서 만나면 해가 1개가 되는 봉술입니다.

그림을 보니까 이해가 좀 빠릅니까? 다음은 두 방정식의 그래프가 평행하여 해가 없는 봉술입니다. 봉술과 직선이 어떤 관계인지는 봉의 형태를 보고 짐작해야 합니다. 꼭 말로 해야 이해합니까? 수학적 직관을 길러야 합니다.

디리클레가 들려주는 함수 1 이야기

이제 두 방정식의 그래프가 일치하여 해가 무수히 많은 경우입니다. 나와 해는 서로의 실력을 겨루고 겨루다 결론이 나지 않아 서로 무승부로 하고 동시에 무기를 놓기로 했습니다. 무기를 땅에 놓으면서 두 봉이 겹쳐지면서 두 직선이 일치하는 장면을 연출해냅니다.

자, 이제는 수학으로 돌아와 봅니다. 그래프를 이용하여 연립방정식을 풀 수 있을까요? '답이 있으니까 물어보는 거 아닙니까?' 하고 해가 대꾸합니다. 봉술에서 무승부가 나자 해가 상당히 건방져진 것 같습니다. 그래서 이 문제는 해를 위해 준비했습니다. 여러분은 풀 필요 없습니다. 가만히 보기만 하세요.

건방진 놈의 해, 아래 연립방정식에 대하여 다음 물음에 답해라. 해야.

$x+y=3$ ⋯⋯⋯⋯⋯⋯⋯⋯⋯⋯⋯⋯⋯⋯⋯⋯⋯⋯⋯⋯⋯⋯⋯⋯⋯⋯⋯①

$2x-y=3$ ⋯⋯⋯⋯⋯⋯⋯⋯⋯⋯⋯⋯⋯⋯⋯⋯⋯⋯⋯⋯⋯⋯⋯⋯⋯②

방정식 ①, ②를 각각 y에 관하여 풀어 봐. 해, 어서.

금방 해의 태도가 공손해집니다. 그래서 내가 y에 관해 정리해 주겠습니다. 사람은 겸손해야 합니다.

$y=-x+3$

$y=2x-3$이 되고, 이것들을 앞에서 배운 대로 좌표평면 위에 각각 나타내 봅시다. 그리는 방법으로는 기울기와 y절편을 이용해서 그려도 되고 x절편과 y절편을 이용해서 그려도 됩니다. 여러분 입맛대로 하세요. 제가 계속 풀겠습니다.

저는 개인적으로 그림을 그릴 때 x절편과 y절편을 이용하여 그래프, 그림을 그립니다. 괜찮겠지요?

일단, $y=-x+3$에서 y절편은 눈으로 바로 구해집니다. y절편은 3입니다. 이제 x절편은 계산을 통해 구합니다. x절편 구하기는 y에 0을 대입하는 것입니다.

$y=-x+3$,

$0=-x+3$,

$x=3$

그래서 x절편은 3입니다. y절편은 y축의 3 지점에 점을 찍고 x절편은 x축의 3 지점에 점을 찍습니다. 그리고 두 점을 연결시키면 바로 $y=-x+3$의 그림, 그래프입니다.

같은 방법으로 $y=2x-3$의 그림도 그려 보겠습니다.

보시다시피 y절편은 -3입니다. x절편을 구하려면 y자리에 0을 대입합니다. 반대인 것 같지요? x절편은 y의 좌표가 0입니다. 왜냐면 x절편은 x축 위에 있기 때문입니다. 계산합니다.

$0=2x-3$,

$2x=3$,

양변을 2로 나누면 $x=\dfrac{3}{2}$입니다.

따라서 $\dfrac{3}{2}$이 x절편이지요.

이제 이 두 식을 좌표평면 위에 나타내 보겠습니다.

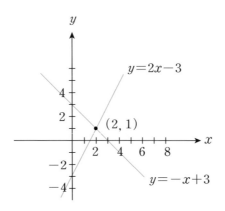

앞의 그림을 잘 보면 두 직선이 만나는 점의 좌표가 (2, 1)임을 알 수 있습니다. 우리는 이것을 두 연립방정식의 해라고 합니다. 해라는 말에 해의 귀가 쫑긋합니다. 너 아니라니까!

연립방정식의 해와 그래프에 대해 정리합니다.

x, y에 관한 연립방정식의 해는 각 방정식의 그래프의 교점의 x좌표, y좌표와 같습니다.

연립방정식의 해   ⇔   두 직선의 교점의 좌표

$x=a, y=b$ (a, b)

디리클레가 들려주는 함수 1 이야기

일차방정식과 일차함수의 관계를 정리해 봅니다. 해야 필기해라.

- 방정식 $ax+by+c=0(a\neq0, \ b\neq0)$의 그래프 : 직선
- 함수 $y=mx+n(m\neq0)$의 그래프 : 직선

결론적으로, 방정식도 직선 그래프로 나타내고 함수도 직선의 그래프로 나타내진다는 것을 알 수 있습니다.

이제부터는 실생활에서 만날 수 있는 일차함수에 대해 공부하겠습니다. 열심히 배워 실생활에서 일차함수를 만나게 되면 반갑게 인사들 하세요. 수업 들어갑니다.

오늘은 야외수업입니다. 해와 내가 있는 장소는 마트입니다. 해가 라면을 사자고 해서 우리는 라면을 10개 샀습니다. 계산을 하려는데 계산원 아줌마가 말합니다.

"봉투 필요하세요? 봉투 값이 50원입니다."

라면 10개를 들고 가기 위해서 봉투를 샀습니다. 삐이――

이때 우리는 일차함수를 배운 것입니다. 영수증에는 $500\times10+50=5050$원이라고 표시되었습니다. 이것을 문자와 식으로

표현하겠습니다. a원씩 하는 라면 x개를 사고 그것을 b원 하는 봉투에 넣었을 때 우리가 낸 돈을 y라고 하고 식을 만들어 봅니다. $y=ax+b$로써 일차함수가 됩니다. 안녕하세요. 일차함수 씨, 반갑습니다. 예, 담에 또 뵙지요. 하하.

디리클레가 들려주는 함수 1 이야기

나와 해, 해의 친구, 이렇게 셋이서 동물원에 식물을 보러 갑니다. 해와 그의 친구는 왜 동물원에서 식물을 보냐고 의문을 가집니다. 그래서 나는 꼭 동물원에서 동물을 봐야 한다는 편견을 버리라고 말했습니다. 세상은 편견을 버릴 때 재밌어집니다. 여하튼 우리는 버스를 탑니다. 나는 어른이라서 1300원을 내고 해랑 해의 친구는 어린이라서 800원을 냅니다. 우리가 낸 버스 요금의 합계는 2900원입니다. 이것도 역시 일차함수입니다.

버스 요금을 어른은 a원, 어린이는 b원이라고 하면 총 인원은 A명인데 이중 어른은 x명이고 드는 교통비를 y원이라고 하면,

$y=ax+b(\mathrm{A}-x)=(a-b)x+b\mathrm{A}$라는 일차함수가 나타납니다. 어이쿠, 여기서 또 보네요. '일차함수 씨, 당신도 동물원에 가십니까?' 라고 묻자 일차함수는 답합니다.

"예, 동물원에 갑니다."

"뭐 하러 가시는데요."

"동물원에 왜 가겠어요. 식물 보러 가지요."

일차함수의 대답에 해와 해의 친구는 많이 놀랍니다.

동물원에서 식물을 본 다음날 해와 나는 자전거를 타고 하이킹

을 갈 생각은 없고 그냥 자전거를 타고 놉니다. 해가 자전거를 타고 먼저 출발하여 1분에 150m를 가는 속도로 300m를 간 후 나는 자전거로 1분에 200m가는 속도로 출발하였습니다.

내가 자전거를 타고 출발한 지 x분 후의 해의 자전거가 달린 거리를 ym라고 할 때, x와 y사이의 관계식을 알아봅니다.

해의 자전거가 1분에 150m의 속도로 300m달렸을 때, 나의 자전거가 1분에 200m의 속도로 출발하였으므로 해의 자전거가 달린 거리 ym는 1분에 150m의 속도로 달린 거리 $150x$m에 300m를 더합니다. 따라서 만들어지는 일차함수의 식은 $y=150x+300$입니다.

그리고 내 자전거가 출발한 후 x분 동안 달린 거리를 ym라고 할 때, x와 y사이의 관계를 식으로 나타내면?

내 자전거는 1분에 200m의 속도로 달리므로 x와 y사이의 관계식은 $y=200x$입니다.

우리는 자전거를 잠시 세워 두고 땅바닥에 앉았습니다. 분필을 이용하여 우리가 세운 관계식의 그래프를 아스팔트 바닥에 그립니다. 아스팔트 바닥을 좌표평면이라고 생각하고 그립니다.

우리가 그린 좌표평면은 다음과 같습니다.

디리클레가 들려주는 함수 1 이야기

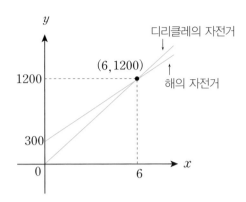

위 그림을 보니까 두 직선은 한 점 (6, 1200)에서 만납니다. 이
는 나의 자전거가 출발하여 6분 동안 1200m를 간 후 해의 자전
거와 만난 것을 말합니다. 그리고 나의 자전거는 출발한 지 6분
후에 해의 자전거를 앞질러 갑니다.

해가 우리 실생활에 일차함수가 이렇게 많이 적용되는지 많이
놀라합니다. 사람은 놀라면 동공이 커집니다. 이것 역시 일차함
수라고 볼 수 있습니다. 놀라는 양을 x라 두고 동공의 크기를 y
라고 두면 이것 역시 일차함수입니다. 그런 예를 한 번 들어보겠
습니다.

휘발유의 양과 자동차가 달린 거리, 물건의 개수에 따른 가격,
시간에 따른 소리의 전파 거리 등의 예들은 학교 수학 교과서에

많이 나와 있습니다. 단지 우리가 싫어하는, 문장이 긴 문제라서 탈이지만요.

하지만 그런 고난이라도 우리가 함께 한다면 얼마든지 해낼 수 있습니다. 어-어, 어디 책을 덮고 슬금슬금 뒷걸음치십니까? 왜 이럽니까? 책에서 눈 떼지 마세요. 얘야, 저 학생 잡아.

문제1

길이가 10cm인 양초에 불을 붙이면 10분마다 1cm씩 그 길이가 짧아진다고 합니다. 불을 붙이기 시작해서 x분 후의 길이를 $y$cm라고 할 때, 다음 물음에 답하세요.

디리클레가 들려주는 함수 1 이야기

일단, x, y사이의 관계식은? 물어본 제가 바보입니다. 제가 직접 풀이합니다.

1분마다 0.1cm씩 줄어들기 때문에 x분 후의 길이는 $(10-0.1x)$cm가 됩니다. 따라서 찾아야 하는 관계식은 $y=-0.1x+10$입니다.

관계식을 세울 때 한 단위가 기본입니다. 10분에 1cm가 줄어든다면 1분 단위로 고쳐 주어야 합니다.

이제 불이 붙은 지 4분 후의 길이를 알아봅니다. 그것은 음……. 뭐더라……. 아, 윗줄에 있네요. $y=-0.1x+10$식에 대입하면 됩니다. x 자리에 4를 대입하면 $y=-0.1\times4+10=9.6$으로 4분 후의 양초의 길이는 9.6cm입니다.

문제1

길이가 25cm, 30cm인 두 개의 양초 가, 나에 불을 붙였더니 가는 1분에 0.5cm, 나는 1분에 0.7cm씩 길이가 줄어들었습니다. 동시에 불을 붙였을 때, 가, 나의 길이가 같아지는 것은 불을 붙인지 몇 분 후인가요?

문제가 어렵다고 절 원망 마세요. 문제를 해결해 봅시다. 이런 문제 유형은 위에서 한 번 접해봤습니다. 두 개의 일차함수를 만들어 좌표평면에 나타내어 교점을 찾아내서 해결하면 됩니다.

x분 후의 두 양초 가, 나의 길이 $y$cm는 각각 $y=25-0.5x$, $y=30-0.7x$ 입니다.

두 일차함수의 그래프의 교점은 (25, 12.5)이므로 두 양초의 길이는 25분 후에 같아집니다. 이 때 양초 가, 나는 12.5cm로 같아집니다.

양초가 다 타고 난 후, 나는 해에게 무술감각을 물어 보기 위한 일차함수 문제를 내 보려고 합니다.

해는 중국 소림사에서 온 무술을 익힌 소년입니다. 공기 중에서 소리의 빠르기는 기온이 0일 때 331m/s이고, 기온이 1도 올라갈 때마다 0.6m/s씩 증가합니다.

기온이 x일 때의 소리의 빠르기를 ym/s라고 할 때, y를 x에 관한 식으로 나타내라고 해에게 말했습니다. 해는 지그시 눈을 감습니다. 뭔가를 생각하는 듯합니다. 공기 중에서 소리를 빠르기를 생각하는 것일까요? 해의 눈에서 눈물이 흐릅니다. 해가 입을 엽니다.

"스승님, 아무리 생각해도 너무 어렵습니다."

하하, 당연한 이야기입니다. 초등생인 해에게 이 문제는 너무 어렵습니다. 제가 풀도록 하겠습니다. 해에게 미안함이 들어 입에 알사탕을 먹여 줍니다. 해는 해처럼 밝게 웃습니다.

기온이 1℃씩 올라갈 때마다 소리의 빠르기는 0.6m/s씩 증가합니다. 그리고 좌표 (0, 331)을 지나므로 관계식 $y=0.6x+331$입니다. 0.6이 기울기가 되고 331이 y절편이 된 셈입니다. 너무 어렵게 생각하지 마세요. 보통 어렵게 생각한 문제가 해결하기는 쉬운 경우가 많아요.

해도 공부 많이 한 것 같아 해에게 물어봅니다.

"해야. 이제 공부도 많이 했고 봉술도 많이 익혔으니 수업을 마칠까?"

"예, 스승님. 수학 공부도 마치고 당분간 봉술도 좀 쉬어야겠습니다."

"봉술이 일차함수를 공부하는 데 제법 도움이 되었구나. 그런데 네가 가지고 있는 봉은 어디다 보관할 거니?"

"아직 거기까지는 생각을……."

"내가 가르쳐 주마."

나는 해가 봉을 보관할 곳을 말해 주려고 합니다. 여러분도 봉을 어디다 두는지 잘 봐 두세요.

"해야, 저쪽 좌표평면에 그려진 일차방정식 $3x-y+12=0$과 x축, y축으로 둘러싸인 부분의 넓이가 보이니?"

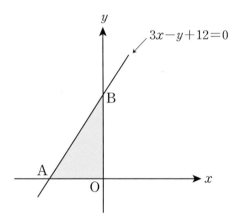

"해야, 지금 네가 들고 있는 봉을 $y=mx$라고 한다면 그 봉을 던져 저 삼각형의 넓이를 이등분하는 지점에 봉을 꽂아라. 그때 m의 값이 네가 봉을 찾아가는 비밀번호다."

해가 봉을 찾아 갈 때의 비밀번호는 무엇일까요?

해결하기 위한 힌트 그림입니다.

디리클레가 들려주는 함수 1 이야기

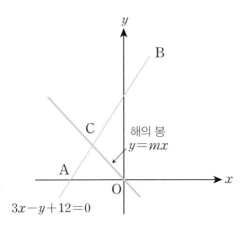

이제 그림을 잘 보시고 풀이를 합니다.

$\triangle$AOB의 넓이$=\dfrac{1}{2}\times 4\times 12=24$. 여기서 '왜 왜 왜?' 하면서 해가 질문을 합니다. $3x-y+12=0$식을 일차함수로 만들어 봅니다.

$y=3x+12$

여기서 y절편은 12이고, x절편은 y에 0을 넣어 구해 봅니다.

$y=3x+12,$

$0=3x+12,$

$-3x=12,$

$x=-4$로 x절편은 -4입니다.

그림에서 x절편은 A이고 y절편은 B입니다. 따라서 OA의 길

이는 4가 되고 OB의 길이는 12가 되지요. 그래서

△AOB의 넓이$=\frac{1}{2}\times 4\times 12=24$로 나온답니다.

자, 이제 △AOC의 넓이는 $\frac{1}{2}\times 4\times y=12$입니다.

"왜 왜?"

해가 또 태클을 거네요. 이등분한다고 했으니까 당연히 24의 반인 12가 되는 거 아닙니까.

$\frac{1}{2}\times 4\times y=12$ 여기서 y를 구하면 $y=6$이 됩니다. 그럼 여기서 생각을 좀 해야지요. $y=6$은 점 C의 y좌표입니다. 그래서 점 C를 지나는 직선 $3x-y+12=0$에 $y=6$을 대입하면 x의 값을 찾을 수 있습니다. 대입합니다.

$3x-y+12=0$,

$3x-6+12=0$,

$3x=-6$,

$x=-2$가 되어서 순서쌍, 또는 좌표로 나타내면 $(-2, 6)$입니다. 그게 바로 점 C의 좌표입니다.

점 C를 향해 해가 봉을 던져야 합니다. 그 말은 봉은 점 C를 통과하면서 원점을 통과해야 한다는 말입니다. 그래야 보관할 장소의 삼각형을 이등분하게 됩니다. 다시 말하면 점 C$(-2, 6)$의 좌표값 역시 봉 $y=mx$에 대입할 수 있습니다. 대입해서 비밀번호 m을 구하세요.

$y=mx$가 점$(-2, 6)$을 지나므로 $m=-3$입니다. 다음에 해가 봉을 다시 찾아갈 때 비밀번호를 모르더라도 구하는 방법을 알고 있으니 계산해 보면 됩니다.

이번 수업을 마칩니다.

여섯 번째
수업 정리

❶ 일차방정식과 일차함수의 관계를 정리해 봅니다.

방정식 $ax+by+c=0(a\neq0,\ b\neq0)$의 그래프 : 직선

함수 $y=mx+n(m\neq0)$의 그래프 : 직선

❷ 일차방정식 $ax+by+c=0(a\neq0,\ b\neq0)$의 그래프에 대해 알아봅니다. 미지수가 2개인 일차방정식 $ax+by+c=0(a\neq0,\ b\neq0)$의 그래프는 일차함수의 그래프와 같습니다.

이차함수

이차함수의 계수 a의 절댓값이 클수록
그래프의 폭이 좁아집니다.

1. 이차함수의 뜻, 포물선, 축, 꼭짓점의 뜻에 대해 알아봅니다.

미리 알면 좋아요

1. 이차함수가 되기 위해서는 이차항의 계수가 0이 되면 안 됩니다.

2. $y=x^2$의 그래프는 y축을 중심으로 접으면 완전히 포개어집니다. 즉, x의 값이 -1과 1처럼 절댓값이 같고 부호가 반대일 때 각각에 대응하는 y의 값은 같으므로 y축에 대칭합니다.

3. 대칭축 두 도형이 한 직선을 사이에 두고 대칭을 이룰 때의 그 직선

디리클레의
일곱 번째 수업

디리클레가 일곱 번째 수업을 시작했다.

일차함수를 해와 함께 진짜 열심히 알아봤습니다. 이제는 봉술이 아닌 차력을 통해 이차함수에 대해 신나게 알아보겠습니다. 신날 준비되셨습니까? 그럼 앞에 있는 철사를 한 번 구부려 보세요. 간단하지요. 그 철사는 납으로 되어 있어 구부리기가 편합니다. 문제는 철사를 구부리는 것이 중요한 것이 아닙니다. 구부러진 철사의 모양이 중요합니다. 그렇게 구부러진 모양이 바로 함수로 치면 이차함수의 모양입니다.

자, 모양은 이제 대충 알았으니까 이차함수의 뜻에 대해 알아보겠습니다. 이차함수는 정의역과 공역이 실수 전체의 집합일 때, 함수 $y = f(x)$에서 $f(x)$가 x에 관한 이차식, 즉

$f(x)=ax^2+bx+c\ (a\neq0,\ a,\ b,\ c$는 상수)의 꼴로 나타내어지면 이 함수 f를 x에 관한 이차함수라고 합니다.

한 번 더 이야기하지만 함수는 변하는 두 변수 $x,\ y$ 사이에 x의 값에 따라 y의 값이 하나로 정해지는 관계를 말합니다. 그리고 정의역이라는 말이 등장했는데 그 말뜻은 함수 $y=f(x)$에서 변수 x가 속한 집합을 말하고 공역은 함수 $y=f(x)$에서 변수 y가 가질 수 있는 값의 집합을 말합니다.

이 정도면 이차함수의 뜻으로 대충 설명한 것 같습니다. 구부러진 철사 모양에 이런 깊은 뜻이 있는 줄이야!

이제 구부러진 이 이차함수의 모습에 대해 좀 더 자세히 알아보도록 하겠습니다. 이 구부러진 모습을 포물선이라고 부르기도 합니다. 이차함수의 그래프의 모양과 같은 곡선입니다. 그리고 구부러진 모양이 딱 꺾이는 지점을 중심으로 좌우대칭이 됩니다. 좌우대칭이 되는 포인트를 꼭 찍어 꼭짓점이라고 합니다. 꼭짓점은 포물선과 축이 만나는 교점입니다.

앗, 여기서 또 어려운 용어 축이라는 말이 나왔습니다. 그럼 짚고 넘어가야지요. 축은 포물선의 대칭축입니다. 좀 더 쉽게 표현하면 좌우로 접을 때 기준이 되는 선이 바로 축입니다. 이런 기본

용어를 알고 있어야 이차함수의 그래프를 요리할 수 있습니다. 일단은 이차함수의 기본 꼴인 $y=ax^2$에 대해 자세히 쏙쏙 들이 알아보겠습니다.

이차함수 $y=ax^2$의 그래프의 꼭짓점 좌표는 원점 $(0,0)$에 착 달라붙어 있습니다. 태풍에 이차함수가 흔들릴 수는 있어도 꼭짓점이 떨어져 나가지는 않습니다. 말로만 설명하니까 그 이미지가 바로 떠오르지 않습니다. 그래서 일단 그림을 그려 놓고 설명하겠습니다.

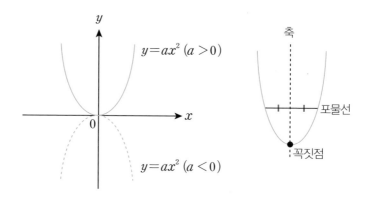

그림을 보며 이야기를 계속하겠습니다. $a>0$일 때, 아래로 볼록합니다. 아랫배가 나왔네요. a가 양수라서 양껏 나왔다고 생각하시면 됩니다. $a<0$일 때, 위로 볼록합니다. a가 음수이므로 '음' 하고 힘을 주어 윗배가 나왔다고 보시면 됩니다. a의 절댓

디리클레가 들려주는 함수 1 이야기

값이 커질수록 폭이 좁아집니다. 절댓값을 붙이는 이유는 음수와 양수가 폭을 결정하는 데 영향을 미치지 않기 때문입니다. 절댓값이 뭐냐고요? 부호를 뗀 값이라고 보면 될 겁니다.

그리고 그림에서 보면 알겠지만 $y=ax^2$과 $y=-ax^2$의 그래

프는 x축에 대하여 대칭입니다. 대칭이라는 말은 어떤 축을 기준으로 그래프를 접으면 양쪽이 떡하니 만난다고 생각하면 됩니다. x축 대칭이니까 x축으로 접는다는 뜻입니다. 아, 만난다는 말보다 포개진다는 말로 많이들 표현합니다. 사실 그게 그거지만……

이차함수 $y = ax^2$의 그래프와 같은 꼴의 곡선을 포물선이라고 하는데, 이 포물선은 선대칭도형입니다. 선대칭이란 선을 그으면 선을 대칭으로 포개진다는 말입니다. 이때, 대칭축을 포물선의 축이라 하고, 포물선과 축과의 교점을 꼭짓점이라고 합니다.

앞에서 말한 내용을 그림을 보면서 다시 말하니까 좀 더 이해에 도움이 되지요.

이제 해랑 한 번 이차함수를 가지고 좀 놀아보려고 합니다. 잘 구부러지는 철사를 가지고 내가 아래로 힘을 주어 구부립니다. 그러면 철사는 위로 볼록하게 됩니다. 해가 다른 직선의 철사를 가지고 끝을 위로 구부립니다. 그랬더니 철사가 아래로 볼록하게 구부려집니다. 이것을 해와 나 디리클레는 이차함수 구부리기 놀이라고 합니다. 이것을 수학계에 알리려고 했지만 주변의 만류로 보류했습니다. 하하.

그런데 이런 함수가 어떻게 나왔는지 궁금하지 않으세요? 물론 우리 학생들은 수학의 모든 것에 관심이 없는 줄 다 알고 있습니다. 하지만 나는 꼭 여러분들을 위해 이차함수의 그래프가 만들어지는, 아니 그려지는 장면을 억지로라도 보여주겠습니다. 보세요.

한 좌표평면 위에 이차함수 $y=x^2$, $y=2x^2$의 그래프를 그려 보겠습니다.

x의 여러 가지 값에 대응하는 x^2과 $2x^2$의 값을 구하여 표를 만들면 아래와 같습니다.

x	$\cdots$	-3	-2	-1	0	1	2	3	$\cdots$
x^2	$\cdots$	9	4	1	0	1	4	9	$\cdots$
$2x^2$	$\cdots$	18	8	2	0	2	8	18	$\cdots$

위의 대응표의 점을 한 좌표평면에 나타내면, 다음 그림과 같이 모두 원점을 지나고 아래로 볼록하며, y축에 대하여 대칭인 곡선이 됩니다.

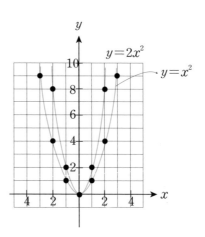

또, 같은 x의 값에 대하여 $2x^2$의 값은 x^2의 값의 2배입니다. 따라서 $y=2x^2$의 그래프는 $y=x^2$의 그래프보다 폭이 좁습니다. 그 이유는 $y=2x^2$의 함숫값의 증가량이 $y=x^2$의 함숫값의 증가량보다 크기 때문입니다.

이차함수 $y=x^2$의 그래프를 그릴 때, 모든 x값에 대한 y값을 일일이 구할 수는 없습니다. 따라서 몇 개의 점을 좌표평면 위에 나타내고 포물선을 예측하여 그립니다.

다음 이차함수의 그래프를 보며 해와 내가 서로 대화를 하며 풀어 나가겠습니다. 우리들의 만담에 집중해 주세요. 일단은 보기를 봐 주세요. 눈 동그랗게 뜨고요.

① $y=x^2$,　　　　② $y=2x^2$　　　　③ $y=3x^2$

④ $y = -\dfrac{1}{3}x^2$　　　　⑤ $y = -x^2$　　　　⑥ $y = -2x^2$

해야, 내가 질문을 하겠어요. 그래프가 아래로 볼록한 이차함수를 빠트리지 말고 모두 말해요. 해는 고개를 꺄웃거리다가

"①번과 ②번과 ③번이 아닐까요?"

라고 말했습니다.

왜 그렇게 생각하는지 물으니까 해는 '아닌가요?' 하고 되물어 옵니다. 해는 확실히 알고 있지는 않은 것 같았습니다. 그래서 나는 해에게 설명을 합니다. 이차함수 $y = ax^2$의 그래프는 $a > 0$일 때 아래로 볼록합니다. a가 양수라는 것은 x^2 앞의 계수를 말합니다. ①, ②, ③번은 x^2 앞이 모두 양수지요. 눈을 가지고 보고 머리로 생각하여 확인하면 됩니다.

다음은 x축에 대하여 서로 대칭인 이차함수끼리 짝지어 보라고 했습니다. 그러자 해는 왜 자신만 시키느냐고 불만입니다. 그래서는 나는 여기 너 말고 누구 있냐고 말했습니다. 해는 투덜거리며 ①번과 ⑤번, ②번과 ⑥번이라고 말합니다. 잘하면서 투덜대기는, 내숭인가 봅니다. 여러분은 왜 그런지 아시겠습니까? 이차함수 $y = ax^2$의 그래프와 $y = -ax^2$의 그래프는 x축에 대하여 대칭이 됩니다. 즉, x^2의 계수의 크기는 같은데 부호가 반대이

면 x축 대칭이 되는 겁니다. 이 문제 역시 눈 똥그랗게 뜨고 찾아주면 됩니다. 너무 그렇게 눈을 크게 뜨지는 마세요.

이제 그래프의 폭이 가장 넓은 이차함수는 무엇일까요. 왜 해를 안 시키냐고요? 녀석은 갑자기 화장실이 급하다고 자리를 떴습니다. 그래서 여러분에게 물어보는 것입니다. 갑자기 책을 덮는 친구들이 많습니다. 물어보면 보이는 반응이지요. 그래프의 폭이 가장 넓은 이차함수의 특징은 계수 a의 절댓값이 작을수록 그래프의 폭이 넓어진다는 것입니다. 그래서 답은 ④번입니다. 부호에 상관없이 작은 수를 찾아주면 됩니다.

절댓값이라는 말뜻에는 음수 부호와는 상관없다는 뜻이 있습니다. 단지 수의 크기가 작으면 됩니다. 그럼 이 문제는 쉽게 해결되겠지요.

그래프의 폭이 가장 좁은 이차함수는?

당연히 이차함수의 계수 a의 절댓값이 클수록 그래프의 폭이 좁아집니다. 그래서 가장 좁은 친구는 ③번입니다. 이것은 보기에서 고르는 문제입니다. 폭이 좁고 넓은 것은 상대적인 것이지요.

이렇듯 이차함수의 모양을 좀 살펴보았습니다. 다음 수업에서는 절대 움직이지 않을 것 같았던 이차함수의 그래프가 움직이기 시작합니다. 꼭짓점이 이동한다는 말입니다. 다음 시간에 이차함수의 움직임에 대해 공부해 보도록 해요. 화장실 갔던 해가 수업을 마친다고 하니 나타내서 헤헤거립니다.

① 이차함수 $y=ax^2$의 그래프와 $y=-ax^2$의 그래프는 x축에 대하여 대칭이 됩니다. 즉 x^2의 계수의 크기는 같은데 부호가 반대이면 x축 대칭이 되는 겁니다.

② 이차함수 $y=ax^2$의 그래프와 같은 꼴의 곡선을 포물선이라고 하는데, 이 포물선은 선대칭도형입니다. 선대칭이란 어떤 위치에 선을 그으면 그 선을 대칭으로 그래프가 포개진다는 말입니다. 이때, 대칭축을 포물선의 축이라 하고, 포물선과 축과의 교점을 꼭짓점이라고 합니다.